我与科学有个约会

QINGSHAONIAN AI KEXUE

李慕南　姜忠喆◎主编››››

UOYU KEXUE YOUGE YUEHUI

及科学知识，拓宽阅读视野，激发探索精神，培养科学热情。

图书在版编目(CIP)数据

蔚蓝世界 / 李慕南,姜忠喆主编. —长春:北方妇女儿童出版社,2012.5(2021.4重印)

(青少年爱科学.我与科学有个约会)

ISBN 978-7-5385-6306-1

Ⅰ.①蔚… Ⅱ.①李… ②姜… Ⅲ.①海洋学-青年读物②海洋学-少年读物 Ⅳ.①P7-49

中国版本图书馆 CIP 数据核字(2012)第 061655 号

蔚蓝世界

出 版 人　李文学

主　　编　李慕南　姜忠喆

责任编辑　赵　凯

装帧设计　王　萍

出版发行　北方妇女儿童出版社

地　　址　长春市人民大街 4646 号 邮编 130021

电话 0431-85662027

印　　刷　鸿鹄(唐山)印务有限公司

开　　本　690mm × 960mm　1/16

印　　张　12

字　　数　198 千字

版　　次　2012 年 5 月第 1 版

印　　次　2021 年 4 月第 2 次印刷

书　　号　ISBN 978-7-5385-6306-1

定　　价　27.80 元

前　言

科学是人类进步的第一推动力，而科学知识的普及则是实现这一推动力的必由之路。在新的时代，社会的进步、科技的发展、人们生活水平的不断提高，为我们青少年的科普教育提供了新的契机。抓住这个契机，大力普及科学知识，传播科学精神，提高青少年的科学素质，是我们全社会的重要课题。

一、丛书宗旨

普及科学知识，拓宽阅读视野，激发探索精神，培养科学热情。

科学教育，是提高青少年素质的重要因素，是现代教育的核心，这不仅能使青少年获得生活和未来所需的知识与技能，更重要的是能使青少年获得科学思想、科学精神、科学态度及科学方法的熏陶和培养。

科学教育，让广大青少年树立这样一个牢固的信念：科学总是在寻求、发现和了解世界的新现象，研究和掌握新规律，它是创造性的，它又是在不懈地追求真理，需要我们不断地努力奋斗。

在新的世纪，随着高科技领域新技术的不断发展，为我们的科普教育提供了一个广阔的天地。纵观人类文明史的发展，科学技术的每一次重大突破，都会引起生产力的深刻变革和人类社会的巨大进步。随着科学技术日益渗透于经济发展和社会生活的各个领域，成为推动现代社会发展的最活跃因素，并且成为现代社会进步的决定性力量。发达国家经济的增长点、现代化的战争、通讯传媒事业的日益发达，处处都体现出高科技的威力，同时也迅速地改变着人们的传统观念，使得人们对于科学知识充满了强烈渴求。

基于以上原因，我们组织编写了这套《青少年爱科学》。

《青少年爱科学》从不同视角，多侧面、多层次、全方位地介绍了科普各领域的基础知识，具有很强的系统性、知识性，能够启迪思考，增加知识和开阔视野，激发青少年读者关心世界和热爱科学，培养青少年的探索和创新精神，让青少年读者不仅能够看到科学研究的轨迹与前沿，更能激发青少年读者的科学热情。

二、本辑综述

《青少年爱科学》拟定分为多辑陆续分批推出，此为第一辑《我与科学有个

约会》,以“约会科学,认识科学”为立足点,共分为10册,分别为:

1.《仰望宇宙》

2.《动物王国的世界冠军》

3.《匪夷所思的植物》

4.《最伟大的技术发明》

5.《科技改变生活》

6.《蔚蓝世界》

7.《太空碰碰车》

8.《神奇的生物》

9.《自然界的鬼斧神工》

10.《多彩世界万花筒》

三、本书简介

本册《蔚蓝世界》旨在关注海洋,了解海洋。海洋是怎样诞生的?海水来自何方?海底高耸的山脉、深邃的海沟是如何形成的?……自古以来,人类就对美丽而神秘的大海充满幻想,渴望了解它的秘密,直到21世纪,探索海洋的道路仍在继续……海洋不仅是一个物资的宝库,而且是一座知识宝库,它正等待着人类去开发。在很多人看来。大海里不外乎有各种各样的鱼,有点咸咸的水。其实,这个现象只是说明了人们对海洋的了解,仅仅局限于眼睛看到的。而更多眼睛看不到的,比如带鱼是否可以养殖?海洋洄游生物为何能够形成鱼汛?等等。通过对本书的阅读可知:海洋不但是人类生命的摇篮、气候的调节器,还是我们地球上的聚宝盆。本书带你进入一个神奇的海洋世界。你会发现:海洋浩瀚无边、绚丽多彩、波动不息、变化万千。

本套丛书将科学与知识结合起来,大到天文地理,小到生活琐事,都能告诉我们一个科学的道理,具有很强的可读性、启发性和知识性,是我们广大读者了解科技、增长知识、开阔视野、提高素质、激发探索和启迪智慧的良好科普读物,也是各级图书馆珍藏的最佳版本。

本丛书编纂出版,得到许多领导同志和前辈的关怀支持。同时,我们在编写过程中还程度不同地参阅吸收了有关方面提供的资料。在此,谨向所有关心和支持本书出版的领导、同志一并表示谢意。

由于时间短、经验少,本书在编写等方面可能有不足和错误,衷心希望各界读者批评指正。

本书编委会

2012年4月

目　录

一、海与洋

二、海洋的骨架

三、海洋之声

四、海洋生物

一、海与洋

海洋的诞生

大约46亿年前，我们的地球才刚刚形成，那时候它如同一个大火球，温度非常高。由于地球形成早期还不稳定，地壳还很薄，所以那时常会有岩浆活动或火山活动发生。

在地球诞生的最初几亿年里，地球上的水很少，只有空气中潮湿的蒸汽。那时还没有海洋，甚至连湖都没有。大多数的水都是以蒸汽的形式存在于炽热的地心中，或者以结构水、结晶水等形式赋存于地下岩石中。

随着地热的增高，地球内部的水蒸气及其他气体越聚越多，终于胀破了坚实的地壳喷了出来。由于当时地表的温度比现在要高得多，所以大气层中以气体形式存在的水分也相当多。后来随着地表温度逐渐下降，由于冷却不均，空气对流加剧，喷到空气中的大量水蒸气立即结成浓云。大约就是在20亿到30亿年前，这些浓云化作倾盆大雨落到地面上，而雨一直下了很久很久。

但是地表的温度仍然很高，水滴还没有接触到地表就又被蒸发为气态的水了。这样过了几百万年，地球上的雨一直没有停过。直到地表的温度降到了100℃以下，降落到地面的水才慢慢汇集起来。滔滔的洪水，通过千川万壑汇集成巨大的水体，形成了原始的海洋。在这过程中，氢、二氧化碳、氨和甲烷等，有一部分被带入了原始海洋。此外，还有许多矿物质和有机物陆续随水汇集海洋。之后再经过地质历史上的沧桑巨变，原始海洋逐渐演变成今天的海洋。

关于地球上水的来历，科学界目前还存在着不同的看法：

1. 由地球内部释放出来的初生水转化而来的，地球从原始太阳星云中凝聚出来是地，便携带这部分水。

2. 地球上的水是太阳风的杰作，地球吸收太阳风中的氢并与氧结合，就可产生水。

3. 来自外太空闯入地球的冰彗星雨带来的。

原始海洋中的海水量较少，据估计，约为目前海水量的1/10，在几十亿年的地质过程中，水不断地从地球内部溢出来，使地表水量不断增加。现在地球上的海水总量是地球诞生以来经过十亿年甚至几十亿年的逐渐积累形成的。

原始的海洋中的水分不断蒸发，反复地形云致雨，重新落回地面，把陆地和海底岩石中的盐分溶解，不断地汇集于海水中。经过亿万年的积累融合，才变成了大体均匀的咸水。同时，由于大气中当时没有氧气，也没有臭氧层，紫外线可以直达地面，靠海水的保护，生物首先在海洋里诞生。大约38亿年前，即在海洋里产生了有机物，先有低等的单细胞生物。在6亿年前的古生代，有了海藻类，在阳光下进行光合作用，产生了氧气，慢慢积累的结果，形成了臭氧层。此时，生物才开始登上陆地。

从此，地球开始了生命的进程，逐渐出现形形色色的植物和动物，世界开始变得丰富起来。

地球上的海和洋

广阔无垠的海洋，从蔚蓝到碧绿，美丽而又壮观。我们常说的海洋，这只是人们长久以来习惯性的称谓，严格地讲，海与洋其实是两个不同的概念。海洋是一个统称，它的主体是海水，包括海内生物、邻近海面的大气、围绕海洋边缘的海岸以及海底等几部分。洋是海洋的中心部分，是海洋的主体，海是洋的边缘部分，与陆地相连。洋和海彼此沟通，组成统一的世界海洋，又称世界大洋。

世界海洋分布图

人们对世界海洋的划分，有着种种不同的观点，各国也不完全一致。有的国家分为五大洋，除了大西洋、太平洋、印度洋和北冰洋四大洋之外，还有南大洋；有的国家分为三大洋：大西洋、太平洋、印度洋。而我国一般分为四大洋：太平洋、大西洋、印度洋、北冰洋。这与世界上大多数的国家观点一致。值得一提的是，太平洋是世界上面积最大的洋，其余依次为大西洋、印度洋、北冰洋，这三大洋的面积共占全世界海洋面积的88.2%，这中间北冰洋的面积最小。其实可以这样讲，洋与洋之间的任何界限都是相对的。地球上只存在一个统一的海洋。

与这么大面积的海洋相对应的就是我们人类生存的地方——陆地。大陆和海洋共同构成了我们美丽的地球家园，可是海洋的面积比陆地面积要大得多。根据科学家计算，地球的表面积约为5.1亿平方千米，海洋占据了其中的70.8%，即3.61亿平方千米，剩余的1.49亿平方千米为陆地，其面积仅为地球表面积的29.2%，也就是说，地球上的陆地还不足1/3。所以，宇航员从太空中看到的地球，是一个蓝色的“水球”，而我们人类居住的广袤大陆实际上不过是点缀在一片汪洋中的几个“岛屿”而已。因此，有人建议将地球改为“水球”也不是没有道理的。

此外，地球上的海洋是相互连通的，构成统一的世界大洋；而陆地是相互分离的，因此没有统一的世界大陆。在地球表面，是海洋包围、分割所有的陆地，而不是陆地分割海洋。

由于海洋在地球表面分布是不均匀的，这点我们可以从南、北半球海陆分布图上看出。除了北纬45°~70°以及南纬70°的南极地区，陆地面积大于海洋面积之外，在其余大多数纬度上的海洋面积都大于陆地，而在南纬56°~65°，几乎没有陆地，完全被海水所环绕。此外还有，南极是陆，北极是海；北半球高纬度地区是大陆集中的地方，而南半球的高纬度区却是三大洋连成一片。所以我们可以以赤道附近为标准，将地球分成南、北两个半球；另外，我们也可以把南半球称作水半球，把北半球称作陆半球。

大陆漂移说

早在公元1620年，英国人培根就已经发现，在地球仪上，南美洲东岸同非洲西岸可以很完美地衔接在一起。到了1912年，德国科学家魏格纳根据大洋岸弯曲形状的某些相似性，提出了大陆漂移的假说。

说起魏格纳大陆漂移假说的提出还是一个有趣的故事。1910年的一天，年轻的德国科学家魏格纳躺在病床上，目光正好落在墙上一幅世界地图上。"奇怪！大西洋两岸大陆轮廓的凹凸，为什么竟如此吻合？"他的脑海里再也平静不下来：非洲大陆和南美洲大陆以前会不会是连在一起的，也就是说它们之间原来并没有大西洋，只是后来因为受到某种力的作用才破裂分离，大陆会不会是漂移的。以后，魏格纳通过调查研究，从古生物化石、地层构造等方面找到了一些大西洋两岸相同或相吻合的证据。结果得出，两岸的地形

1.35亿年前，大西洋已经张开

之间具有交错的关系，特别是南美的东海岸和非洲的西海岸之间，相互对应，简直就可以拼合在一起。对此，魏格纳作了一个简单的比喻：这从地图上看，非洲大陆和南美洲大陆的外廓何等相似！另外科学家们还发现两块大陆岩石的形成时期都有着惊人的相似。就好比一张被撕破的报纸，不仅能把它拼合起来，而且拼合后的印刷文字和行列也恰好吻合。

1912年，魏格纳通过查阅各种资料，根据大西洋两岸的大陆形状，地质构造和古生物等方面的相似性，正式提出了“大陆漂移假说”。在当时，他的假说被认为是荒谬的。因为在这以前，人们一直认为七大洲、四大洋是固定不变的。为了进一步寻找大陆漂移的证据，魏格纳只身前往北极地区的格陵兰岛探险考察，在他50岁生日的那一天，不幸遇难。值得告慰的是，他的大陆漂移假说，现在已被大多数人所接受。这一伟大的科学假说，以及由此而发展起来的板块学说，使人类重新认识了地球。

魏格纳虽然没有亲眼看到“大陆漂移假说”的胜利就离开了人世，然而，由于这一学说本身所具有的强大生命力，随着时间的推移，终于被越来越多的人所认识和肯定。20世纪50年代以来，科学观测的一些发现，为“大陆漂移假说”提供了充分的证据，使这一学说在地质学中已赢得了它应有的地位。不仅如此，魏格纳最早发现大陆漂移这一事实，还为以后的“海底扩张学说”和“板块构造学说”打下了坚实基础。魏格纳这位全球构造理论的先驱，被誉为“地学的哥白尼”而名垂千古。

大 洋

在海洋学上关于海洋，及海和洋是有着清楚的含义和区分的。海洋是地球上广大连续的咸水水体的总称。洋是这水体的主体部分，约占海洋面积的89%。大洋的面积辽阔，水深一般在3 000米以上，最深处可达1万多米。由于大洋离陆地遥远，不受陆地的影响，它的水温和盐度变化不大。每个大洋都有自己独特的洋流和潮汐系统。大洋的水色蔚蓝，透明度很高，水中的杂质很少。前面我们已经提过，一般认为全世界共有4个大洋，即太平洋、印度洋、大西洋、北冰洋。

这些蔚蓝色的大洋中，太平洋是最古老的海洋，是泛大洋演化发展的结果。大西洋、印度洋是年轻的新生的海洋，大西洋形成到现在这样的面貌，只有五六千万年的历史，而印度洋的形成，年龄更小一些。直至今日，随着地球深部的运动，大陆海洋仍在不断地变化之中。但是随着时间的发展，在我们的大洋家族中又有了新成员。它就是——南极洋，又名南大洋或南冰洋，就是围绕南极洲的海洋，是太平洋、大西洋和印度洋南部的海域。人们以前一直认为太平洋、大西洋和印度洋一直延伸到南极洲，但因为海洋学上发现南极洋有重要的不同洋流，于是国际水文地理组织于2000年确定其为一个独立的大洋，成为第五大洋。

南大洋在地球上有着非常特殊的位置。这与它的地理位置有很重要的关系，南大洋的北界为南极幅合带——水温、盐度急剧变化的界限，位于南纬48°~62°之间，这条线也是南大洋冰缘平均分布的界线。重要的是，南大洋的面积约为7 500万平方千米，是世界上唯一完全环绕地球，而没有被任何大陆分割的大洋。它具有独特的水文特征，不但生物量丰富，而且对全球的气候亦有举足轻重的影响。

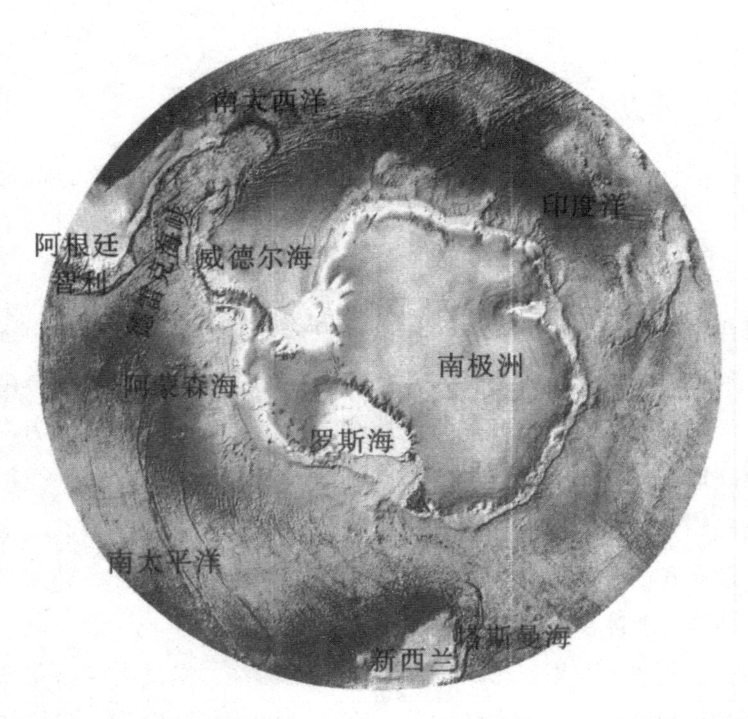

在这个美丽的大洋上有许多可爱的动物，其中有最为出名的打洞专家——威德尔海豹。它栖息于南大洋冰区和冰缘附近，是位名副其实的打孔巨匠。因为威德尔海豹需要不断浮出水面进行呼吸，每次间隔时间为10~20分钟，最长可达70分钟。于是冰洞就成了它进出海洋、呼吸和进行活动的门户。但在打洞的过程中，它的嘴磨破了，鲜血染红了冰洞内外；它的牙齿磨短了，磨掉了，再也不能进食，也无法同它的劲敌进行搏斗了。正是由于这种原因，本来可以活20多年的威德尔海豹一般只能活8~10年，有的甚至只活4~5年就丧生了。更严重的是，有的威德尔海豹还没有钻出洞口，就因缺氧和体力耗尽而死亡。

太平洋

太平洋名字的来历有着一段古老的故事。给它起名的，是曾经率领船队为人类第一次闯开环绕地球航行道路的葡萄牙航海家费尔南多·麦哲伦。

1519年9月20日，因受政府迫害逃到西班牙的麦哲伦率领由5只船组成的西班牙船队，从圣卢卡港出发，沿非洲西海岸经过加那利群岛和佛得角群岛，利用赤道洋流和东北信风横渡大西洋。当时，人们正在争论“地圆说”。10年前，麦哲伦曾率船队绕过好望角，横渡印度洋，穿过马六甲海峡而到达菲律宾的棉兰老岛。这次，麦哲伦探索着闯出一条从相反的方向到达远东的航行。

这是一条没有人航行过的航路，困难无法形容。“维多利亚”号触礁，“圣地亚哥”号沉没。麦哲伦经历了一次又一次的考验，终于在1520年10月

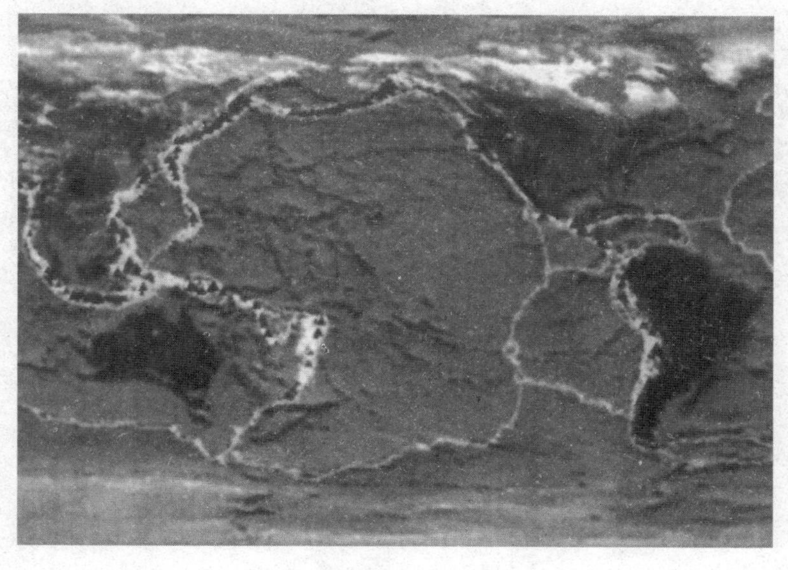

太平洋火圈

21 日发现了一条看来很有希望的水道。但这里的气候十分恶劣。他们战风斗浪 28 天，经受了 510 多千米难以忍受的航程，才算闯出这条被后人命名为“麦哲伦海峡”的航道。穿过麦哲伦海峡，眼前茫茫一片的大海烟波浩渺、风平浪静，灿烂的阳光映照着天空，绚丽多彩，一派宁静太平景象。百感交集的麦哲伦于是在海图上把眼前的这块洋面标名为“太平洋”。

说来也巧，在太平洋航行的 3 个月，居然一次也未遇到暴风和巨浪的袭击，一路顺风，终于在 1521 年 3 月 28 日船队驶抵菲律宾棉兰老岛，而“太平洋”的名称也为世界所公认。

太平洋在亚洲、大洋洲、南极洲和美洲之间，东西宽处约 19 000 多千米，南北最长约 16 000 多千米，面积约达 1. 8 亿平方千米，占全球面积的 35%，占整个世界海洋总面积的 50%，超过了世界陆地面积的总和。它是地球上四大洋中最大、最深和岛屿、珊瑚礁最多的海洋。它的平均深度约为 4028 米，最大深度为马里亚纳海沟，最深达 11 034 米，是目前已知世界海洋的最深点。

除此之外，太平洋还是世界上最温暖的大洋和有“太平洋火圈”之称的大洋。它的海面平均水温达到 19℃，而全世界海洋平均温度仅为 17. 5℃。它的水温比大西洋高出整整 2℃，这当然可以归结为：由于白令海峡很窄，阻碍了北冰洋寒冷的水流入，而太平洋的热带海面宽广，储存的热量大。所以，不仅它的温度高而且在这里生成的台风也多，约占世界台风总数的 70%。另外，全球约 85% 的活火山和约 80% 的地震集中在太平洋地区。太平洋东岸的美洲科迪勒拉山系和太平洋西缘的花彩状群岛是世界上火山活动最剧烈的地带，活火山多达 370 多座，地震频繁，所以它有“太平洋火圈”的称谓可是一点也不为过。

大西洋

大西洋位于直布罗陀以西，原名叫“西方大洋”。它的英文（Atlantic）一词，是根据古希腊神话中的大力士阿特拉斯（Atlas）的名字来的。希腊史诗《奥德赛》中，普罗米修斯因盗取天火给人间而犯了天条，株连到他的兄弟阿特拉斯。众神之王宙斯强令阿特拉斯支撑石柱使天地分开，于是阿特拉斯在人们心目中成了顶天立地的英雄。最初希腊人以阿特拉斯命名非洲西北部的土地，后因传说阿特拉斯住在遥远的地方，人们认为一望无际的大西洋就是阿特拉斯的栖身地，因此就有了大西洋这个称谓。

大西洋位于欧洲、非洲、美洲和南极洲之间，整个轮廓略呈“S”形，年龄距今只有约一亿年。它南接南极洲；北以挪威最北端—冰岛—格陵兰岛南端—戴维斯海峡南边—拉布拉多半岛的伯韦尔港与北冰洋分界；西南以通过南美洲南端合恩角的经线同太平洋分界；东南以通过南非厄加勒斯角的经线同印度洋分界。大西洋的平均深度约为 3 627 米，最大深度约为 9 219 米，大多分布在波多黎各岛北方的波多黎各海沟中。它的面积约为 9 336.3 万平方千米，是世界第二大洋，约占海洋总面积的 25.4%，是太平洋面积的一半。但是，现在它正在拼命扩张，把两岸裂开，说不定在遥远的将来，后来居上的大西洋，它的宽度会赶上或超过太平洋。

在这个美丽的大洋中还曾经一度流传着这样的传说：一个消失了的神秘文明——亚特兰蒂斯帝国。一片传说中有高度文明发展的古老大陆，被称作大西洲。到现今为止，还未有人能证实它的存在。最早的描述出现于古希腊哲学家柏拉图的文章里。据他所言，在 9 000 年前，当时亚特兰蒂斯正要与雅典展开一场大战，没想到亚特兰蒂斯却突然遭遇地震和水灾，不到一天一夜就完全沉没海底，消失得无影无踪，柏拉图认为，大西洲沉没的地点就在大

西洋直布罗陀海峡附近。对于亚特兰蒂斯的所在位置现在还没有定论，科学家们主要倾向于在地中海西端，也就是在大西洋，因为大西洋底曾经发现过遗迹，而且对鳗鱼的洄游和马尾藻海的一些情况来猜测，的确有可能是亚特兰蒂斯所在，但是还是有很多不能解释的问题。

但无论结果如何，今天大西洋的周围几乎都是世界上各大洲最为发达的国家和地区，凡是与它有关的航海业、海底采矿业、渔业、海上航运业等都非常发达。这中间尤其突出的是它的航运业，由于大西洋与北冰洋的联系，比其他大洋都方便，有多条航道相连通，并且拥有多条国际航线，便于联系欧洲、美洲、非洲的沿岸国家，所以使它的货运量居各大洋第一位，这是其他大洋所无法比及的。

巴拿马运河的开通缩短了大西洋与太平洋之间的航程

合恩角

在大西洋和太平洋相交界的一个地方，这里地处两大洋纵深地带，临近南极圈，冷暖气流交汇。附近的海域终年被大雾所笼罩，暴雨、冰雹、飓风恶浪及巨大的海涛轰鸣声几乎每天都在上演。这所有的一切都令航海者胆战心惊。因为从这里出发驶往南极，又是最近便的水路，多年来，不少航海者和探险家从这里前往南极考察探险。由于风暴异常，海水冰冷，航行条件十分恶劣，从 17 世纪到 19 世纪中叶，已有 500 余艘船只在此沉没，2 万余人丧生……而这个地方就是有着“海上坟场”之称的——合恩角。

合恩角，位于南美洲的最南端，通过这里的经线是大西洋和太平洋的分界。从地图上看，南美洲大陆恰似一个锋利的锥体，直插南极大陆，合恩角就是锥体的最尖端。高 395 米，它的右面是浩瀚的大西洋，左面是一望无际

合恩角

的太平洋，它宛如一位威武的斗士，屹立在茫茫的两大洋的前哨，距离火地岛以南约 113 千米。它的北面是比格尔海峡，南面直到南极半岛，有一条宽约 900 千米的水道，称作德雷克海峡。

合恩角离南极洲很近，捕鲸的活动曾是这一带的重要事业。在这里可以见到用鲸肋骨做成的“栅栏”，在穷人家里还有用鲸椎骨做的小凳。在 1914 年巴拿马运河通航以前，这里是大西洋与太平洋之间航行的必经之路。现在经过巴拿马运河比绕道合恩角缩短了 1 万多千米的航程，但是船只通过运河不仅受到吨位限制，而且要等待开启船闸，费时间太多，所以“人工海峡”还不能完全代替天然海峡的作用。

在合恩角的附近有一个名字叫“火地岛”的小岛。传说是在麦哲伦环球航行的过程中，在他穿过后人称谓的“麦哲伦海峡”的时候，看到南侧的岛屿上到处有印第安人燃烧的篝火，便给这个岛屿起名叫“火地岛”。而合恩角就处在火地岛的南端，在南极大陆未被发现以前，这里被看作是世界陆地的最南端。

火地岛的气候变化无常，有时从大西洋海面刮来的飓风时速达到 150 千米，一时间飞沙走石，天昏地暗。然而更多的时候火地岛是宁静美丽的，境内高山耸峙，河渠纵横，蓝天大海映着山顶的积雪和山谷的冰川，山腰间林木苍翠，山脚下牧草丰美。奇异的风光和神秘的色彩，使这里成了别具一格的旅游胜地。

印度洋

中国古时叫印度洋为西洋。15 世纪初，明朝著名航海家郑和，曾率船队七下“西洋”，就是现在的印度洋。古希腊曾叫印度洋为“厄立特里亚海”，意思是“红色的海”。到了公元 1515 年，欧洲地理学家舍纳画的地图上，把这片大洋改为“东方之印度洋”。相对于大西洋来说，当时欧洲知道东方有个印度，是个非常文明和富饶的国家。15 世纪末，葡萄牙航海家达·伽马，绕过好望角，进入这个洋，并找到了印度，就正式把“通往印度的洋”称为印度洋了。

印度洋在亚洲、非洲、大洋洲和南极洲之间，是世界第三大洋，总面积约 7 491.7 万平方千米，约为海洋总面积的 1/5。它的平均深度约为 3 897 米，最深为爪哇海沟 7 729 米。它的北部是封闭的，南段敞开。西南绕好望角，与大西洋相通，东部通过马六甲海峡和其他许多水道，可流入太平洋。西北通过红海、苏伊士运河，通往地中海。因为它的大部分地区在热带，所以往往也被称为热带的洋。

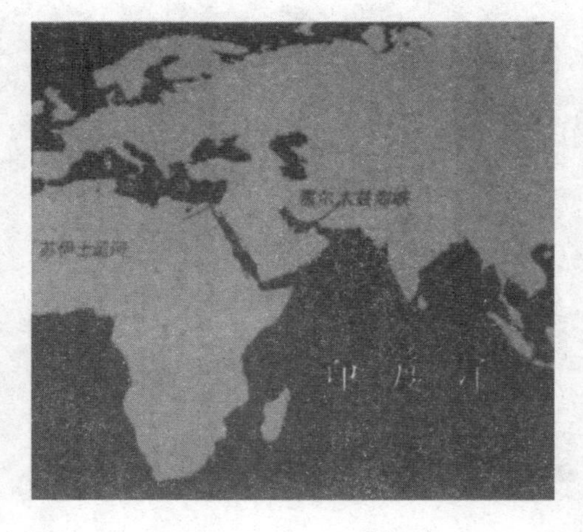

与此同时，印度洋还是地球上最年轻的大洋。早在 1.3 亿年前，北大西洋就从一个很窄的内海开裂扩大，它的东部与古地中海相通，西部与古太平洋相通，那时，南美洲与北美洲还是彼此分开的。随后南方古陆开始分裂，南美洲与非洲分开，两块大陆开裂漂移形成海洋，但与北大西洋并未贯通，海水从南面进出，形成非洲与南美洲之间的一个大海盆。南方古陆的东半部也开始破碎分开，使非洲同澳大利亚、印度、南极洲分开，于是就在这两者之间出现了最原始的印度洋。

在这个美丽的大洋上，有许多明珠般璀璨的岛屿。最为著名的塞舌尔群岛由 92 个岛屿组成，在这里一年只有两个季节——热季和凉季，没有冬天。这里是一座庞大的天然植物园，有 500 多种植物，其中的 80 多种在世界上其他地方根本找不到。而且每一个小岛都有自己的特点，阿尔达布拉岛也是著名的龟岛，岛上生活着数以万计的大海龟；弗雷加特岛是一个“昆虫的世界”；孔森岛是“鸟雀天堂”；伊格小岛盛产各种色彩斑斓的贝壳。塞舌尔的国宝是一种叫海椰子的奇异水果，外国游客若想带出境还需持有当地政府的许可证才可以呢。

除此以外，印度洋西北部的波斯湾地区还是世界石油储量最丰富的地区。在这里有著名的石油海峡——霍尔木兹海峡。它位于波斯湾口，在印度洋航线上占有重要地位，每年约有 3 万多艘油轮从这里通过。由于波斯湾地区出口石油总量 90% 从此海峡运出，因而西方国家就把波斯湾看作是他们的油库，把霍尔木兹海峡看成是油库的总阀门。

北冰洋

在好几个世纪以前，人们一直想在北极中央地区寻找出一块大陆，有人甚至把一层广阔而又平坦的冰原，错认为土地。到了 19 世纪末期，科学家们才确定了北极中央并没有陆地。也就是说，在地球的最北部，以北极为中心的周围地区，是一片辽阔的水域。这个水域，就是北冰洋。北冰洋这个名称来自希腊语，意思为正对大熊星座（即北斗七星）的海洋。1650 年，荷兰探险家 W. 巴伦支，把它划为独立大洋，叫大北洋。1845 年，在英国伦敦地理学会上，北冰洋的名字被正式命名。

位于北极圈内的北冰洋，处于地球的最北端，被欧洲大陆和北美大陆环抱着，有狭窄的白令海峡与太平洋相通。它是世界上最小、最浅的大洋，面积约为 1 479 万平方千米，不到太平洋的 1/10，仅占世界大洋面积的 3.6%；

北冰洋地区美丽的极光现象

体积约1 698万立方千米，仅占世界大洋体积的1.2%；平均深度约1 300米，仅为世界大洋平均深度的1/3，最大深度也只有5 449米。因此，北冰洋又被称为北极海。

在那个寒冷的冰雪世界里，北冰洋的平均水温只有-1.7℃。洋面上有常年不化的冰层，厚度在2~4米，北极点附近冰层可厚达30米。越是中央地区，冰层越是厚实坚固，汽车可以在上面行驶，甚至连飞机也可以在上面降落。冬季的时候有80%的洋面被冰封住，就是在夏季，也有一多半的洋面被冰霸占。现在，你该知道那是一个多么寒冷的海洋了吧！

这一切造就了北冰洋成为四大洋中温度最低的寒带洋，终年积雪，千里冰封，覆盖于洋面的坚实冰层足有3~4米厚……就成了这里常见的景象。每当这里的海水向南流进大西洋时，随时随处可见一簇簇巨大的冰山随波漂浮，逐流而去，就像是一些可怕的庞然怪物，给人类的航运事业带来了一定的威胁。

寒冷造就北冰洋成为世界上条件最恶劣的地区之一，由于位于地球的最北部，每年都会有独特的极昼与极夜现象出现。这里第一大奇观就是一年中几乎一半的时间，连续暗无天日，恰如漫漫长夜难见阳光；而另一半日子，则多为阳光普照，只有白昼而无黑夜。第二大奇观是五颜六色的极光像突然升起的节日烟火，一下照亮半边天；它时而如舞在半空的彩条，时而像挂在天际的花幕，时而如探照灯一样直射苍穹，这也是在别处任何地方都欣赏不到的奇异美景。

然而就是在这样恶劣情况下，还生活着人类——爱斯基摩人又叫因纽特人，他们世世代代生活和居住在这里，至少有4000多年的历史。在过去的漫长岁月中，他们过着一种没有文字、没有货币，却是自由自在、自给自足的生活。随着时代的推移，因纽特人已经开始接受现代文明，生活发生了巨大的变化。

大 海

海是指大洋边缘靠近大陆部分的海域，约占海洋总面积的11%。一般比洋面积要小，深度也比较浅，平均深度从几米到3 000米。由于海靠近大陆，受大陆、河流、气候和季节的影响，水的温度、盐度、颜色和透明度都受陆地影响出现明显的变化，有的海域海水冬季还会结冰，河流入海口附近海水盐度会变淡、透明度差。和大洋相比，海没有自己独立的潮汐与海流。

现在，根据国际水道测量局的海名汇录，全世界共有54个海。按照它们所处地理位置不同，可分为边缘海、陆间海和内海。边缘海位于大陆边缘，以岛屿、群岛或半岛与大洋分隔，以海峡、水道与大洋相连，如东海、南海；陆间海位于大陆之间，以狭窄海峡与大洋或其他海相通，如地中海；内海位于陆地内部，如波罗的海、黑海。

地球上有2/3的外流河最后都汇入了浩瀚的大海

俗话说：“海纳百川，有容乃大”，“条条大河归大海”，因此有许多人认为，陆地上的条条江河最终都将汇入大海。其实，这是一种错觉，事实是世界上有近1/3的河流与海洋根本无缘。那些能直接或间接流入海洋的河流，称为外流河。外流河一般处在气候比较湿润、降水丰富、蒸发量较小、离海较近的大陆边缘地区。世界上2/3以上的河流是外流河。如南美洲的亚马孙河，非洲的尼罗河，中国的长江、黄河，北美洲的密西西比河等世界五大河流，均属于外流河。那些最终不能流入海洋的河流，人们称之为内流河，也叫内陆河。内陆河一般处于离海洋较远的大陆内部地区。

说到这里，就不得不提到世界第三大陆缘海——南海。南海，通过巴士海峡、苏禄海和马六甲海峡等，与太平洋和印度洋相连。它的面积最广，约有356万平方千米，相当于16个广东省那么大。我国最南边的普母暗沙距大陆达2000千米以上，这要比广州到北京的路程还远。南海也是邻接我国大陆最深、最大的海，平均水深约1212米，中部深海平原中最深处达5567米，比大陆上西藏高原的高度还要深。另外，南海还位居太平洋和印度洋之间的航运要冲，因此具有重要的战略意义。

地中海

最早犹太人和古希腊人简称地中海为“海”或“大海”。因为古代人们仅知此海位于三大洲之间，故称之为“地中海”。英、法、西、葡、意等语拼写来自拉丁 MareMediterraneum，其中“medi”意为“在……之间”，“terra”意为“陆地”，全名意为“陆地中间之海”。该名称始见于公元3世纪的古籍。到了公元7世纪的时候，西班牙作家伊西尔首次将地中海作为地理名称。

地中海是指介于亚、非、欧三洲之间的广阔水域，这是世界上最大的陆间海。地中海同时也是世界上最古老的海，历史比大西洋还要古老。另外，由于它处在欧亚大陆和非洲大陆的交界处，因此是世界强地震带之一。在地中海地区还有许多著名的火山，比如维苏威火山、埃特纳火山等。

由于地中海特殊的地理构造，因此也造成了它与众不同的气候特点。在那里，夏季干热少雨，冬季温暖湿润。这种气候使得周围河流冬季涨满雨水，夏季干旱枯竭。世界上这种气候类型的地方很少，据统计，总共占不到2%。

风光旖旎的地中海沿岸

由于这里气候特殊，德国气象学家柯本在划分全球气候时，把它专门作为一类，叫地中海气候。

因为这个气候特别适合橄榄树的生长，因此地中海地区盛产油橄榄。而且这里还是欧洲主要的亚热带水果产区，盛产柑橘、无花果和葡萄等。

除了它特殊的气候特征以外，地中海作为陆间海交通要道的作用也格外突出。由于地中海比较平静，加之沿岸海岸线曲折、岛屿众多，拥有许多天然良港，所以不可避免地成为沟通三个大陆的交通要道。这样的条件，使地中海从古代开始海上贸易就很繁盛，成为了古代埃及文明、古希腊文明、罗马帝国等的摇篮，直到如今它仍然是世界海上交通的重要地点之一。腓尼基人、克里特人、希腊人，以及后来的葡萄牙人和西班牙人都是航海业发达的民族。著名的航海家如哥伦布、达·伽马、麦哲伦等，都出自地中海沿岸的国家。

然而如此重要的地中海竟然曾经出现过干涸的危机，事实上，地中海在历史上的确曾经干涸过。近年来，科学家们发现了在地中海海底不同地点和不同深度上的沉积层中存在着石膏、岩盐和其他矿物的蒸发岩，经测定，其年龄距今500万~700万年。由此可以推断，在距今约700万年期间，地中海的古地理环境确曾是一片干涸荒芜的沙漠。从考证出来的蒸发岩上又覆盖着一层海底沉积物和深海软泥来看，说明地中海干涸之后，再度被海水淹没。而据现在的资料统计，地中海地区年蒸发量超过了年降水量与江河径流量之和，所以有人推断：如果没有大西洋海水流入地中海，也许不用1 000年的时间，地中海就会完全干涸，重新变成干透了的特大深坑。

爱琴海

爱琴海，光是这浪漫至极的名字就能让人生出无限遐想。

船下的海水泛着青蓝色的光芒，幽幽的，深邃得仿佛能容纳几千年的历史；船头激起白色的浪花，与上下飞舞的海鸥相映成趣；天空蓝得像大海一样，白云就像浮在天上的小岛，真不知希腊的神是依照天空制造了大海，还是依照大海制造了天空？

关于爱琴海的名字还源于一个古老的希腊神话传说。在远古的时代，有位国王叫弥诺斯，他统治着爱琴海的一个岛屿克里特岛。弥诺斯的儿子在雅典的阿提刻被人谋杀了，为了替儿子复仇，弥诺斯向雅典的人民挑战。后来，雅典人向弥诺斯王求和，弥诺斯要求他们每隔 9 年送 7 对童男童女到克里特岛。

弥诺斯王宫遗址

弥诺斯在克里特岛建造一座曲折纵横的迷宫，无论谁进去都别想出来。在迷宫的纵深处，弥诺斯养了一只人身牛头的野兽米诺牛，雅典每次送来的7对童男童女都是供奉给米诺牛吃的。这一年，又是供奉童男童女的年头了，有童男童女的家长们都惶恐不安。雅典的国王爱琴的儿子忒修斯看到人们遭受这样的不幸而深感不安，他决心和童男童女们一起出发，并发誓要杀死米诺牛。

忒修斯和父亲约定，如果杀死米诺牛，他在返航时就把船上的黑帆变成白帆。忒修斯领着童男童女在克里特上岸了，他的英俊潇洒引起了一位美丽聪明的公主的注意。公主向忒修斯表示了自己的爱慕之情，并偷偷和他相会。当她知道忒修斯的使命后，她送给他一把魔剑和一个线球，以免忒修斯受到米诺牛的伤害。

聪明而勇敢的忒修斯一进入迷宫，就将线球的一端拴在迷宫的入口处，然后放开线团，沿着曲折复杂的通道，向迷宫深处走去。最后，他终于找到了怪物米诺牛，并用剑把它杀死了，然后，他带着童男童女踏上了回家的路程。快到家的时候，忒修斯和他的伙伴兴奋异常，又唱又跳，但他忘了和父亲的约定，没有把黑帆改成白帆。翘首等待儿子归来的爱琴国王在海边等待儿子的归来．当他看到归来的船挂的仍是黑帆时，以为儿子已被米诺牛吃了，他悲痛欲绝，跳海自杀了。为了纪念爱琴国王，他跳入的那片海，从此就叫爱琴海。

实际上，爱琴海是地中海的一部分。它位于希腊半岛和小亚细亚半岛之间，南北长610千米，东西宽300千米，面积约21.4万平方千米，比波斯湾还要小些。爱琴海的海岸线非常曲折，港湾众多，岛屿星罗棋布。相邻岛屿之间的距离很短，站在一个岛上，可以把对面的海岛看得清清楚楚。它所拥有的岛屿数量之多，全世界没有哪个海能比得上的，所以爱琴海又有“多岛海”之称。

如今，爱琴海已经成为世界各国人们向往的度假胜地，它以无穷的魅力感染着每一位来到这里的游客。

红　海

在非洲北部与阿拉伯半岛之间，有一片颜色鲜红的海，这就是红海。关于红海名称的来源，直到今天仍然有许多种解释。

有的认为是远古时代，受交通工具和技术条件的制约，驾船在近岸航行的人们发现红海两岸红黄色岩壁将太阳光反射到海上，使海上也红光闪烁，红海因此而得名。有的认为是红海里有许多色泽鲜艳的贝壳使水色深红；也有的认为红海近岸的浅海地带有大量黄中带红的珊瑚沙，使得海水变红；还有人认为红海内红藻会发生季节性的大量繁殖，使整个海水变成红褐色，有时连天空、海岸，都映得红艳艳的，因而得名红海。其实今天红海的名字是从古希腊名演化而来的，它的意译即“红色的海洋”。

红海的海滩日光充足

实际上，在通常情况下，红海海水都是蓝绿色的。它是世界上水温和含盐量最高的海域之一。在地理位置上，红海是印度洋的边缘海。北段通过苏伊士运河与地中海相通，南端有曼德海峡与亚丁湾相通。它就像一条张着大口的鳄鱼，从西北向东南，斜卧在那里。红海长约 2 000 多千米，最大宽度306 千米，面积约 45 万平方千米，平均深度约 558 米，最大深度 2 514 米。由于特殊的地理构造使得红海处于热带沙漠气候区，所以降水少得可怜，但那里的蒸发量却远远大于降水量。加上红海周围无河流汇人，使红海水量入不敷出，必须由印度洋的水流来补充。从印度洋进入亚丁湾的水，浩浩荡荡北上，进入干渴的红海，补充它的水源不足。因此，亚丁湾就成了调节红海水位的“大水库”。与此同时，红海的高温、高盐水也不断经过曼德海峡的底层，流向亚丁湾，从而成为印度洋高温高盐水的重要源头。

到目前为止，红海可以说是一个年轻的海。大约在 2 000 万年前，阿拉伯半岛与非洲分开，那个时候诞生了红海。现在还可以看出，两岸的形状很相似，这是大陆被撕开留下的痕迹。非洲板块与阿拉伯板块间的裂谷，沿红海底中间通过。在 300 万～400 万年来，两个板块仍在继续分裂，两岸平均每年以 2. 2 厘米的速度向外扩张。红海在不断加宽，将来可能成为新的大洋。在这个方面，红海边缘的阿法尔三角地区的两侧海岸线，在几何形态上嵌合部分发生中断，就很能说明问题。大约在 2 500 万年前，今天的也门恰好嵌合在劳比亚和索马里之间，经过中心扩张分离，形成了现今的达纳基勒地垒两侧的地壳碎块，成为阿法尔三角地区。

珊瑚海

在这个世界上有一个美丽神奇的地方：那里有千姿百态的鱼虾，色彩各异的海贝，身披红绿彩带的鹦鹉鱼在吞咬珊瑚；水晶般透明的喇叭鱼在水面忽东忽西；轻盈细小的雀鳃鱼竟敢对准咬你的手指；神色傲慢的大海龟在陌生人面前也毫不恐慌；水下的珊瑚世界，在阳光照射下，红、黄、蓝各色绚丽多彩；或树枝状，或人脑形，或如柳条，或如花朵，千姿百态，令人神往……

这个奇幻美丽的地方就叫珊瑚海。

五彩缤纷的珊瑚海位于南太平洋、澳大利亚、巴布亚新几内亚、所罗门群岛、新赫布里底群岛、新喀里多尼亚群岛及南纬30°之间。它既是最大的

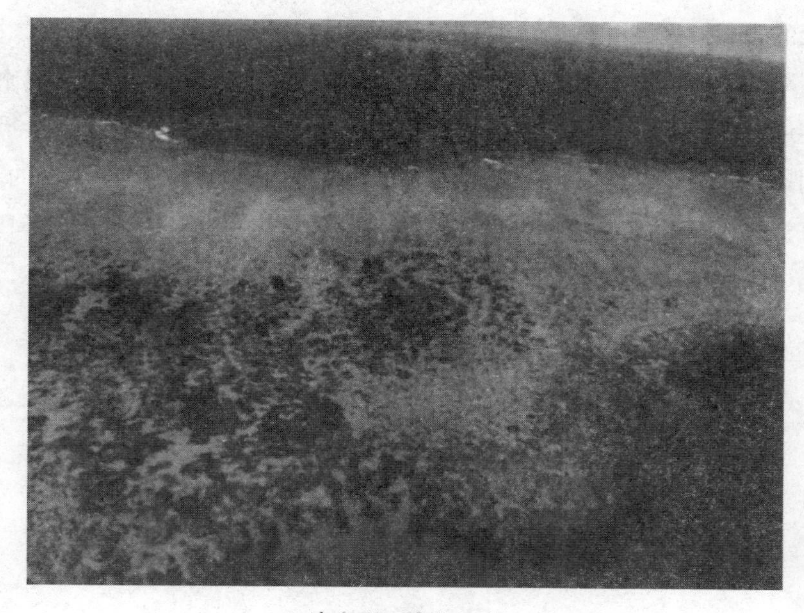

澳大利亚的大堡礁

海，也是最深的海。它北接所罗门海，南连塔斯曼海，面积达479.1万平方千米，最大深度达9 174米。珊瑚海是太平洋的边缘海。这里曾是珊瑚虫的天下，它们巧夺天工，留下了世界最大的堡礁。众多的环礁岛、珊瑚石平台，像天女散花，繁星点点，散落珊瑚海地处热带，水温终年在18～28℃间，这里风速小，海面平静，水质洁净，有利于珊瑚生长。它以众多的珊瑚礁而著名。这里，坐落着世界最大的三个珊瑚礁群，这就是大堡礁、塔古拉堡礁和新喀里多尼亚堡礁。

这其中大堡礁最大，它位于澳大利亚东北岸，是一处延绵2 000千米的地段，面积约8万平方千米。这里景色迷人、险峻莫测，水流异常复杂，生存着400余种不同类型的珊瑚。这里有世界上最大的珊瑚礁，有鱼类1 500种，软体动物达4000余种，聚集的鸟类242种，有着得天独厚的科学研究条件。这里还是某些濒临灭绝的动物物种（如人鱼和巨型绿龟）的栖息地。

大堡礁的大部分礁石隐没在水下，露出海面的成为珊瑚岛。500多个珊瑚岛，星罗棋布散落在900多平方千米的海面上，像一列列城堡，守卫着澳大利亚的东北海防。岛上茂密的热带丛林，郁郁葱葱；旁边白银色的沙滩，滩外碧蓝的海水下，可看到五颜六色的珊瑚礁平台。这里阳光充足，空气清新，海水洁净，礁石嶙峋，成了海洋生物的乐园。优美的环境，成了人们旅游观光的好地方。1979年，澳大利亚将大堡礁辟为海洋公园，许多腰缠万贯的富翁，到这里投资开发。在比较大的岛上，建有机场、港口，络绎不绝的游客，乘飞机、坐游船，来去方便。人们在这里划船、游泳，进行日光浴和沙浴，此外还可以坐在装有玻璃船底的游览艇里，饱览奇妙的海底世界呢。

加勒比海

加勒比海清澈湛蓝的海水，就像高出地面的海洋，构成了一个充满冒险和神秘色彩的乐园。这里有喜欢惹事而又迷人的船长杰克，历经风浪的“黑珍珠”号船……伴随着好莱坞大片《加勒比海盗》的热映，加勒比海这个神秘的海域走进我们的视线。

在北大西洋，有一个以印第安人部族命名的大海，它的名字叫“加勒比海”，意思是“勇敢者”或是“堂堂正正的人”。加勒比海是大西洋西部的一个边缘海，西部和南部与中美洲及南美洲相邻，北面和东面以大、小安的列斯群岛为界。加勒比海东西长约 2 735 千米，南北宽在 805 ~ 1 287 千米之间，总面积约为 275. 4 万平方千米，容积约为 686 万立方千米，平均水深约为 2 491 米。现在所知的最深点是古巴和牙买加之间的开曼海沟，深达 7 680 米，

加勒比海地区

它同时也是世界上深度最大的陆间海。

中、南美洲的锯齿形弯曲岸线，把加勒比海区分成几个主要水域：危地马拉和洪都拉斯沿岸外方的洪都拉斯湾；巴拿马近岸的莫斯基托湾；巴拿马科隆附近的巴拿马运河；巴拿马和哥伦比亚边境的达连湾；委内瑞拉北部马拉开波湖口外的委内瑞拉湾；以及委内瑞拉和特立尼达岛之间的帕里亚湾。中美的多数河流都流入加勒比海，但南美的大部分河流都汇合于奥里诺科河，并于西班牙港的正南流入大西洋。加勒比海的主要进出口是尤卡坦与古巴之间的尤卡坦海峡、古巴与伊斯帕尼奥拉之间的向风海峡、伊斯帕尼奥拉与波多黎之间的莫纳海峡、维尔京群岛与马丁海峡之间的阿内加达海峡以及多米尼加岛以北的多米尼加海峡。各个海峡的水深都在 1 000 米以上。

同时，加勒比海也是沿岸国最多的大海。在全世界 50 多个海中，沿岸国达两位数的只有地中海和加勒比海两个。地中海有 17 个沿岸国，而加勒比海却有 20 个，包括中美洲的危地马拉、洪都拉斯、尼加拉瓜、哥斯达黎加、巴拿马，南美有哥伦比亚和委内瑞拉，在安的列斯群岛的古巴、海地、多米尼加共和国以及小安的列斯群岛上的安提瓜和巴布达、多米尼加联邦、特立尼达和多巴哥等。

这些特殊的地理位置使加勒比海在 16 世纪的时候，成为海盗的“天堂”，许多海盗甚至得到他们本国国王的授权在海上公然抢劫。同时，加勒比海上的众多小岛为他们提供了良好的躲藏地，而西班牙运送珠宝的舰队则成为他们的主要攻击对象。

黑 海

“黑海”这个名字，源自古希腊的航海家，他们认为黑海海水的颜色比地中海的海水深黑而得名。它原是古地中海的一个残留的，很大、很孤立的海盆，由于与外界隔绝的下层海水缺氧，加上细菌的作用使沉积海底的大量有机物腐化分解，久而久之，把海底淤泥也染成了黑色。

黑海是欧洲东南部和亚洲之间的内陆海，通过西南面的博斯普鲁斯海峡、马尔马拉海、达达尼尔海峡、爱琴海与地中海沟通。黑海东岸的国家是俄罗斯和格鲁吉亚，北岸是乌克兰，南岸是土耳其，西岸属于保加利亚和罗马尼亚。克里米亚半岛从北端伸入黑海，黑海东端的克赤海峡把黑海和亚速海分隔开来。黑海面积约420 300平方千米，东西长1180千米，从克里米亚半岛南缘到黑海南海岸，最近处263千米。东岸和南岸是高加索山脉和黑海山脉，

黑海

西岸在博斯普鲁斯海峡附近山势稍稍平坦，西南隅是伊斯特兰贾山，往北是多瑙河三角洲，西北和北边海岸地势低洼，仅南部克里米亚山脉在沿岸形成陡崖峭壁。沿岸大陆架面积只占整个水域面积的1/4，经大陆坡到达海底盆地，面积占整个水域面积的1/4。海盆底部平坦，逐渐向中心加深，最深处超过2 200米。

同时，黑海还是一个很大的缺乏氧的海洋系统。黑海本身很深，从河流和地中海流人的水含盐度比较小，因此比较轻，它们浮在含盐度高的海水上。这样深水和浅水之间得不到交流，两层水的交界处位于100 ~ 150米深处之间。两层水之间彻底交流一次需要上千年之久。在这个严重缺氧的环境中只有厌氧微生物可以生存，它们的新陈代谢释放有毒的硫化氢（H_2S）和二氧化碳。而硫化氢对鱼类有毒害，因而黑海除边缘浅海区和海水上层有一些海生动植物外，深海区和海底几乎是一个死寂的世界。同时硫化氢呈黑色，致使深层海水呈现黑色，其他生物实际上只能生存在200米深度以上的水里。

由于黑海是连接东欧内陆和中亚高加索地区出地中海的主要海路，故其在航运、贸易和战略上的地位非常重要。黑海航道是古代丝绸之路由中亚往罗马的北线必经之路。尤其是对自17世纪开始崛起的沙俄皇朝，黑海和波罗的海均是影响该国对欧洲联系的命脉。近代史中亦有因为抢夺黑海的控制权而引发的战争和军事行动。如著名的克里米亚战争（1853—1856年）等。此外，在黑海沿岸还有许多著名的疗养地和旅游区。

北 海

灿烂的阳光，蔚蓝的天空，碧绿的海水，频频掠过船头白色的海鸥……这些绝美的风光就发生在欧洲的北海上。

北海是大西洋东部的一个海湾，西面部分地以英格兰、苏格兰为界，东面与挪威、丹麦、联邦德国、荷兰、比利时和法国相邻，南部从法国海岸的沃尔德灯塔，越过多佛尔海峡到英国海岸的皮衣角的连线为界；北部从苏格兰的邓尼特角，经奥克尼和设得兰群岛，然后沿西经0°53’经线到北纬61°，再沿北纬61°纬线往东到挪威海岸的连线为界。北海南部经多佛尔海峡与大西洋相通；北部，经苏格兰与挪威间的缺口，与大西洋及挪威海相接；东部，经挪威、瑞典、丹麦之间的斯卡格拉克海峡和卡特加特海峡，与波罗的海相通。北海，长约965千米，北部宽为580千米。总面积约为60万平方千米，平均水深约为91米，容积约为15.5万立方千米。该海区内几个岛屿共占面积约为73平方千米。

北海被认为是陆缘海，即它的整个构造海盆都在大陆地壳上。该海盒，在某种程度上，是一个地槽（长条沉积矿床的位置），从前至少有两次折皱成山脉。每一次，这些山脉都被冲刷走，只留下英格兰与大陆之间的浅盆。大约在2.3亿年前，北海周围的陆地都是沙漠，由于蒸发量大，从北方流入的水有限，形成了巨大的蒸发岩沉积。现在，在北海海底和德国、丹麦发现的盐丘和构造，就是这些蒸发岩的代表。北海海底构造形成的历史，与北海及其邻近国家现正在开发的广阔油田有直接的联系。

当然，北海的海底都属陆架，该海的南半部是水深为40米的海台。海底逐渐向北倾斜，到设得兰群岛以西陆架边缘，水深达183米左右。绕过挪威南端到陆架边缘以外，为一罕见的海峡（挪威海峡），其深度约为600米。一些海洋学家认为该海谷是大陆冰川冲刷形成的。还有其他末次冰期（11000～8000年前）的残迹，那就是海平面低水位和冰川冰碛时遗留下来的河谷状的切割（所谓冰川冰馈，就是当冰川融化时，沉积物在冰川前沿进行堆积）。英国和丹麦之间的多格尔沙洲就是一个例子，其水深仅13米。海底沉积物主要为冰川砾石、沙和粉沙。其中粉沙到处都有，这是由于受流和浪的作用，重新被搬运的缘故。

与此同时，北海的水环流受到北来的大西洋水和东来的波罗的海水的影响，而从南部多佛尔海峡流入的水则非常少。由于大陆江河（莱茵河、易北河、威悉河、埃姆斯河和斯海尔德河）流人大量淡水，在挪威、丹麦、荷兰和德国等沿岸水域，即使冬季不太冷，也都结冰。而西部，由于入海淡水较少，并受北大西洋海流的影响，即使是严冬也无冰。

白令海

白令海位于太平洋的最北方，在阿拉斯加、西伯利亚和阿留申群岛的环抱之中。它是一个扇形海域，是亚洲和美洲相隔的地方，也是美俄两国交界的地方。这片扇形海域是以丹麦航海家维图斯·白令的名字命名的。

1725～1743 年，在俄国彼得大帝的授命下，白令曾两次来到这个海区，探测亚洲和美洲是否相连。白令第二次出航时，曾在阿拉斯加南部登陆。但返航时，其所乘船“圣彼得号”不幸触礁沉没，白令和 30 名船员遇难身亡。为了纪念这位航海者，便将这片海域命名为“白令海”。

白令海总面积约为 230. 4 万平方千米，平均水深约为 1 598 米，总容积约

白令海中的灰鲸

为368.3万立方千米，最大水深约为4 420米。它的海底可分为两个区域。东北半部完全为陆架，是世界上最大的陆架之一。离岸最远可伸到643千米。经白令海峡伸向楚科奇海的地区，陆架浅于200米，使流入北极海盆的海水仅限于表层水。第二个区域为西南半部，由深水海盆组成，最大深度为4 420米。海盆的海底非常平坦，水深介于3 800～3 900米之间，且被两支海脊分隔开。奥利伍托斯基海脊，起自北部，贯穿着整个海盆；另一支为独特的拉特岛海脊，起自阿留申岛弧，按逆时针方向盘绕着海盆。这两支海脊把深水区域分隔成东、西两个海盆。在这深海盆内，还有沉淀得很快的沉积海盆；该海盆在玄武基岩上已覆盖着2000～4000米深的沉积物。

白令陆架还从平坦的海底抬升起几个岛屿，这其中有著名的圣劳伦斯岛、努尼瓦克岛和普里比洛夫群岛。陆架的边缘以4°～5°坡度陡峭地下倾。在阿留申岛链的东南角，陆架深深地被白令峡谷所割裂，该峡谷长度超过161千米，宽度在32千米以上，深深地切人，并有50多条支谷。这可能是世界上最大的海底峡谷了。在峡谷的两侧，到处都有1 829米高的谷壁，矗立于平缓倾斜的海底之上。白令陆架的沉积物是由砂和淤积于坡麓的砾石组成。反之，在深海盆却覆盖着硅藻软泥。

除此以外，白令海的海洋生物非常丰富，浮游生物有两个最旺盛的季节，一个在春季，另一个在秋季。它们主要以硅藻为主，为食物链提供了基本保证，使白令海成为很有价值的渔场的主要是巨蟹、虾和315种鱼类，尤其是其中的25种鱼类，更有经济价值。譬如：虎鲸、白鲸、喙鲸、黑板须鲸、长须鲸、露脊鲸、巨臂鲸和抹香鲸等鲸类都很丰富。普里比洛夫群岛和科曼多尔群岛是海豹的繁殖场，海獭、海狮和海象也众多。

二、海洋的骨架

海底地貌

如同陆地上一样，海底有高耸的海山，起伏的海丘，绵延的海岭，深邃的海沟，也有坦荡的深海平原。纵贯大洋中部的大洋中脊，绵延 8 万千米，宽数百至数千千米，总面积堪与全球陆地相比。而整个海底世界也并不像人们所想象的或是像表面看起来那样平缓和宁静，相反却是地球上最活跃最动荡不安的地带。地震、火山活动频繁，只不过一切都掩盖在海水之下进行而已。

虽然世界各大洋的洋底形态复杂多样、各不相同，但基本上都是由大陆架，大陆坡，海沟，海盆，洋中脊（海底山脉）几个部分组成。现在根据大量的深海测量资料，人们已清楚知道，海底的基本轮廓是这样的：沿岸陆地，从海岸向外延伸，是坡度不大、比较平坦的海底，这个地带称“大陆架”；再

海底地貌立体图

向外是相当陡峭的斜坡，急剧向下直到3 000米深，这个斜坡叫“大陆坡”；从大陆坡往下便是广阔的大洋底部了。整个海洋面积中，大陆架和大陆坡占20%

炽热的地幔物质从洋中脊上升涌出，冷凝形成新的洋底，并推动先形成的洋底向两侧对称地扩张；当洋底扩展移至大陆边缘的海沟处时，向下俯冲潜没在大陆地壳之下，重新返回到地幔中，旧的洋底灭亡。左右，大洋底占80%左右。也可以简单地说，世界大洋的海底像个大水盆，边缘是浅水的大陆架，中间是深海盆地，其深度在2 500～6 000米之间。

在整个海底世界，宏伟的海底山脉，广漠的海底平原，深邃的海沟，上面均盖着厚度不一、火红或黑的沉积物，把大洋装点得气势磅礴、雄伟壮丽。

那么我们不禁要问：海底是怎样诞生的呢？

有人认为整个地壳大致可分为六大板块，其中又分为大洋板块和大陆板块。大洋板块在地幔上浮动着，高温的地幔物质在洋中脊地区上升，使本已很薄的地壳发生皱裂，于是喷出熔岩，熔岩冷却之后，就形成了新的地壳，于是海底便诞生了。

后来，人们又通过地震波及重力测量，了解到海底地壳的结构与陆地地壳有所不同。原来，海洋地壳主要是玄武岩层，厚约5 000米，而大陆地壳主要是花岗岩层，平均厚度33千米。重要的是，大洋底始终都在更新和不断成长，每年扩张新生的洋底大约有6厘米。像这样下去，每经过两三亿年，大洋底就将更新一次。

前面我们已经讲过，在深海中也有如同陆地平原一样的地貌，这就是深海平原。深海平原一般位于水深3 000～6 000米的海底。它的面积较大，一般可以延伸几千平方千米。深海平原坡度小于1/1000，其平坦程度超过大陆平原。

有了平原，当然也会有高山。海底火山的分布相当广泛，大洋底散布的许多圆锥山都是它们的杰作。

海底火山与平顶山

1963 年 11 月 15 日，在北大西洋冰岛以南 32 千米处，海面下 130 米的海底火山突然爆发，喷出的火山灰和水汽柱高达数百米，在喷发高潮时，火山灰烟尘被冲到几千米的高空。

经过一天一夜，到 11 月 16 日，人们突然发现从海里长出一个小岛。人们目测了小岛的大小，高约 40 米，长约 550 米。海面的波浪不能容忍新出现的小岛，拍打冲走了许多堆积在小岛附近的火山灰和多孔的泡沫石，人们担心年轻的小岛会被海浪吞掉。但火山在不停地喷发，熔岩如注般地涌出，小

海底火山爆发

岛不但没有消失，反而在不断地扩大长高，经过1年的时间，到1964年11月底，新生的火山岛已经长

怀特岛是一座火山岛。它位于新西兰北岛东海岸的普伦蒂湾。新西兰海岸线附近有许多类似的火山岛。到海拔170米高，1 700米长了，这就是苏尔特塞岛。经过海浪和大自然的洗礼，小岛经受了严峻的考验，巍然屹立于万顷波涛的洋面上，而且岛上居然长出了一些小树和青草。

这些奇怪的现象就发生在广袤的海底。如同我们前面提过，在深海中有深海平原，当然也会有高山。而这些就是——海底火山。海底火山的分布相当广泛，大洋底散布的许多圆锥山都是它们的杰作，火山喷发后留下的山体都是圆锥形状。

据统计，全世界共有海底火山约2万多座，太平洋就拥有一半以上。这些火山中有的已经衰老死亡，有的正处在年轻活跃时期，有的则在休眠，不定什么时候苏醒又“东山再起”。现有的活火山，除少量零散在大洋盆外，绝大部分在岛弧、中央海岭的断裂带上，呈带状分布，统称海底火山带。太平洋周围的地震火山，释放的能量约占全球的80%。海底火山，死的也好，活的也好，统称为海山。海山的个头有大有小，一两千米高的小海山最多，超过5千米高的海山就少得多了，露出海面的海山（海岛）更是屈指可数了。美国的夏威夷岛就是海底火山的功劳。它拥有面积1万多平方千米，上有居民10万余众，气候湿润，森林茂密，土地肥沃，盛产甘蔗与咖啡，山清水秀，有良港与机场，是旅游的胜地。夏威夷岛上至今还留有5个盾状火山，其中冒纳罗亚火山海拔4 170米，它的大喷火口直径达5 000米，常有红色熔岩流出。1950年曾经大规模地喷发过，是世界上著名的活火山。

海山有圆顶，也有平顶。平顶山的山头好像是被什么力量削去的。其实它是海浪拼命拍打冲刷，经历年深日久而形成的。比如，在第二次世界大战期间，美国科学家普林顿大学教授H. H. 赫斯就首次在太平洋海底发现了海底平顶山。

大陆架

生活中，我们平时所看到的海岸线并不是大陆与海洋的分界线，实际上，在海面以下，大陆仍以极为缓和的坡度延伸至大约 200 米深的海底，这一部分就是大陆架。它曾经是陆地的一部分，只是由于海平面的升降变化，使得陆地边缘的这一部分，在一个时期里沉溺在海面以下，成为浅海的环境。

大陆架浅海靠近人类的住地，与人类关系最为密切，大量的渔业资源都来自陆架浅海。人类自古以来在这里捕鱼、捉蟹、赶海，享“鱼盐之利，舟楫之便”。随着生产的发展，人们又在这里开辟浴场、开采石油，利用这里的阳光、沙滩和新鲜空气，开辟旅游度假区。可以这样说，大陆架像是被海水淹没的滨海平原，是海洋生物的乐园，我们可以发现许许多多的海洋动植物在此处安居乐业，繁衍生息，就像是另外一个生生不息的人类世界。

说起大陆架，我们就不得不提及大陆坡上的沉积物。

大陆坡上的沉积物，主要是来自陆地河流的淤泥、火山灰、冰川携带的

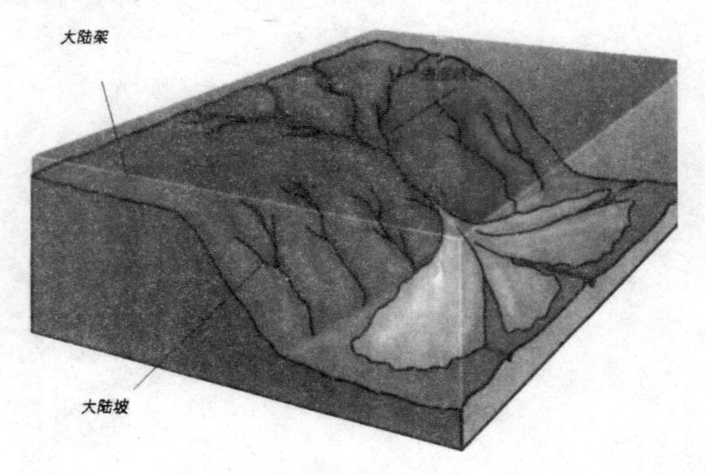

海底大陆架

石块，还有亿万年来海洋生物残体的软泥。概括地说，整个大陆坡的面积，约有25%覆盖着沙子，10%是裸露的岩石，其余65%盖着一种青灰色的有机质软泥。这种软泥常常因受到氧化作用而成栗色，它的堆积速度要比大陆架缓慢得多。在火山活动地带，软泥中夹杂有火山灰，高纬度地区混有大陆水流带来的石块、粗沙等。在热带河口附近，还有一种热带红色风化土构成的红色软泥。

而大陆坡上最特殊的地形就是深邃的大峡谷，称为海底峡谷。它一般是直线形的，谷底坡度比山地河流的谷底坡度要大得多，峡谷两壁是阶梯状的陡壁，横断面呈“V”形。海底峡谷规模的宏大往往超过陆地上河流的大峡谷。现已发现几百条海底峡谷，分布在全球各处的大陆坡上。

虽然世界大陆架总面积约为2 700多万平方千米，平均宽度约为75千米，约占海洋总面积的8%，但鱼的捕获量却为海洋渔业总产量的90%以上。因为大陆架区域水质肥沃，海水中含有大量的营养盐，加上大陆江河不断地带来溶解进丰富有机物和无机物的淡水，在风浪、潮流的作用下，上、下层海水的混合加快，所以，大陆架得以成为良好的渔场。

海沟和岛弧

陆地上有许多巨大、深邃奇伟的峡谷，但与浩渺大洋深处的海沟相比，它们就自愧不如了。

海沟也叫海渊，是位于海洋中的两壁较陡、狭长的、水深大于6 000 米的沟槽，而且多半与岛弧伴生。它的宽度在 40 ~ 120 千米之间，全球最宽的海沟是太平洋西北部的千岛海沟，其平均宽度约 120 千米，最宽处大大超过这个数，距离相当于北京至天津那么远，听起来也够宽了，但在大洋底的构造里，算是最窄的地形了。

与此同时，海沟不仅是海洋中最深的地方，也是海底最古老的地方。然而它不在海洋的中心，却偏偏安家于大洋的边缘。今天，我们已知的各大洋所拥有的 35 条海沟，其中有 28 条分布在环太平洋带。

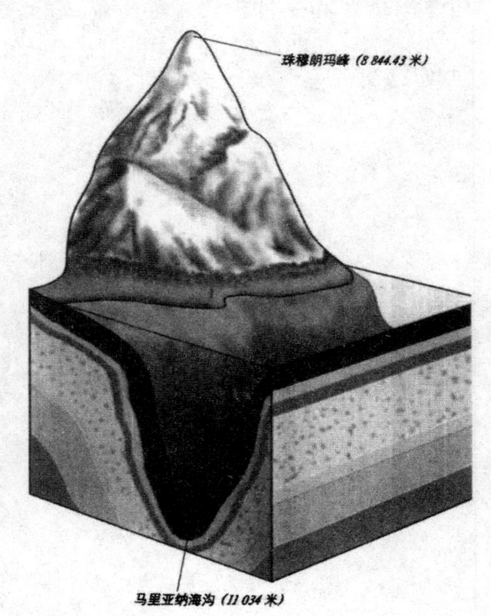

和海沟相似的叫做海槽。它比海沟的规模小，深度在6000 米以内，相对宽浅、两侧坡度较平缓的长条形洼地称海槽。它主要分布在边缘海中。

海沟的孪生“兄弟”叫做岛弧。前面已经提过，海沟和岛弧多是相伴而生。岛弧就是海洋中许多呈弧形分布的岛屿，它分为内岛弧和外岛弧。内岛弧靠陆一侧，是大洋板块与大陆板块接触带，火山和地震集中于此，如西太平洋岛弧。据统计，全世界有活火山500余座，一半以上集中在该岛弧带；全球地震能量的95%也在此释放。频繁的火山活动引起的岩浆喷发，使岛弧带成为世界上矿产最丰富的地区。外岛弧，近大洋一侧，无火山地震带。它们大多分布于活动的海洋板块边缘，由于处在海洋板块与大陆板块的交界处，受地球板块相互挤压的作用，所以在这些地方地震、火山活动

太平洋的海沟特别多，从东面、北面和西面围绕着太平洋的边缘，形成了一个马蹄铁的形状。频繁发生。

那么，为什么有海沟出现的地方总也会有岛弧伴其左右呢？

科学家们经过大量的研究认为，岛弧和海沟的平行并存，是大洋板块和大陆板块相互碰撞时，大洋板块倾没于大陆板块之下的结果。如太平洋板块，厚度小而密度大，所处的位置又相对较低，在海底扩张的作用下，与东亚大陆板块相碰撞时，太平洋板块便俯冲入东亚大陆板块之下，从而使大洋一侧出现深度巨大的海沟；同时，大陆地壳的继续运动使它前缘的表层沉积物质相互叠合到一起，形成了岛弧。由于这两种地壳的相对运动速度较大，所以碰撞后形成的海沟深度就大，而岛弧上峰岭的高度也大。因此，可以说岛弧和海沟是在同一种板块运动中形成的，它们有着共同的成因。

洋中脊

人有脊梁，船有龙骨。这是人和船成为一定形状的重要支柱。因而人能立于天地之间，船能行于大洋之上。海洋也有脊梁，大洋的脊梁就是大洋中脊，它决定着海洋的成长，是海底扩张的中心。

洋中脊，又称中央海岭。它是一个世界性体系，横贯各大洋，是全球规模最大的洋底山系。从北冰洋开始，穿过大西洋，经印度洋，进入太平洋，逶迤连绵约 8 万余千米，宽数百至数千千米，总面积堪与全球陆地相比。就好像是大洋的脊梁，任何一条陆地山脉都不能与之相比。

那么世界上的大西洋中，它们的洋中脊会是怎样呢？

大西洋中脊贯穿大洋中部，与两岸大致平行（中脊名称由来），中轴为中央裂谷分开，两侧内壁陡峻，两峰嶙峋，蔚为奇观；印度洋中脊犹如“人”字分布在印度洋中部；太平洋中脊位于偏东的位置上。三大洋中脊在南部相互连接，而北端却分别伸进大陆。

这其中大西洋中脊的峰是锯齿形的，更为奇特的是，在大洋中脊的峰顶，沿轴向还有一条狭窄的地堑，叫中央裂谷，宽 30 ~ 40 千米，深1 000 ~ 3 000 米。它把大洋中脊的峰顶分为两列平行的脊峰。

此外，许多观测表明在中央裂谷一带，经常发生地震，而且还经常地释放热量。这里是地壳最薄弱的地方，地幔的高温熔岩从这里流出，遇到冷的海水凝固成岩。经过科学家研究鉴定，这里就是产生新洋壳的地方。较老的大洋底，不断地从这里被新生的洋底推向两侧，更老的洋底被较老的推向更远的地方。

我们从全球海底地貌图中还可以看到，海底地貌最显著的特点是连绵不断的洋脊纵横贯通四大洋。根据海底扩张假说，洋脊两侧的扩张应是平衡的，大洋洋脊应位于大洋中央，但太平洋洋脊却不在太平洋中央，而偏侧于太平洋的东南部，并在加利福尼亚半岛伸入了北美大陆西侧。显然，从加利福尼亚半岛至阿拉斯加这一段的火山、地震、山系等，难以用海底扩张假说解释其成因。那么，太平洋洋脊为什么偏侧一方，这还有待进一步地探索。

如今，关于洋中脊的形成原理，板块构造学说认为，洋中脊是地幔对流上升形成的，是板块分离的部位，也是新地壳开始生长的地方。不仅如此，洋中脊顶部的地壳热量相当大，还成为地热的排泄口，所以火山活动，地震活动在这里会频繁地发生。

由于冰岛的位置正好处于大西洋的洋脊上，所以地震和火山频繁出现。

海底热泉

在深不可测的海底上空，耸立着一个个黑色烟囱状的怪物，蒸汽腾腾，烟雾缭绕，烟囱里冒出的烟的颜色大不相同。有的烟呈黑色，有的烟是白色的，还有清淡如暮霭的轻烟……

这是1979年美国科学家比肖夫博士等人乘坐“阿尔文”号潜水器在加利福尼亚湾的外太平洋2 500米深的海底下发现的情景。原来它们就是海底热泉。

海底热泉的高度一般为2～5米，呈上细下粗的圆筒状。从“烟囱”口冒出的液体与周围的海水不一样，这里的温度竟然高达350℃。在“烟囱”区的附近，水温常年也在30℃以上，而一般洋底的水温只有4℃。更令人吃惊的是，在那些活动热泉附近，甚至聚集了大量的人类不曾认识的新生物种。

它们是这样一群奇特的生物：有血红色的管状蠕虫，像一根根黄色塑料管，最长的达3米，横七竖八地排列着，它用血红色肉芽般的触手，捕捉、滤食水中的食物。这些管状蠕虫既无口，也无肛门，更无肠道，就靠一根管子在海底蠕动生活。但它的体内有血红蛋白，触手中充满血液。有大得出奇的蟹，没有眼睛，却无处不能爬到；又大又肥的蛤，体内竟有红色的血液，它们长得很快，一般有碗口大；还有一种状如蒲公英花的生物，常常几十个连在一起，有的负责捕食，有的管着消化，各有分工，忙而不乱。在如此高温的大洋底，它们竟也能够生活得其乐融融，科学家们惊讶地称这里为“探海绿洲”。

海底温泉不但养育了一批奇特的海洋生物，还能在短时间内生成人们所需要的宝贵矿物。那些“黑烟囱”冒出来的炽热的溶液，含有丰富的铜、铁、硫、锌，还有少量的铅、银、金、钴等金属和其他一些微量元素。当这些热

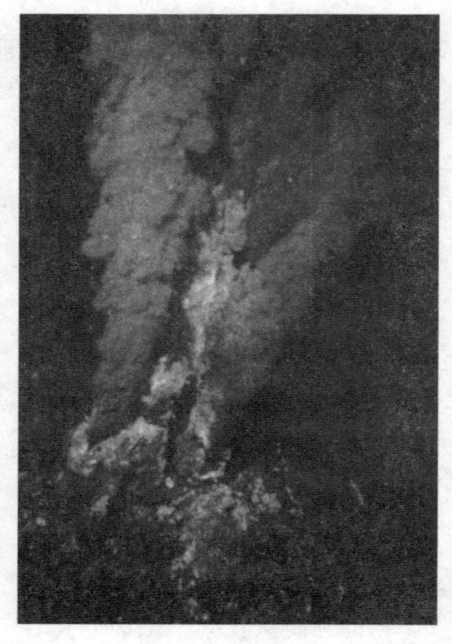
海底热泉

液与4℃的海水混合后，原来无色透明的溶液立刻变成了黑色的“烟柱”。经过化验，这些烟柱都是金属硫化物的微粒。由于在海水冲击的作用下，烟囱的高度很难无限升高。尤其那些长年不活动的喷溢口，烟囱往往经不住海水的冲击而垮塌。久而久之，形成了含量很高的矿物堆。

如此神奇的海底热泉多在海洋地壳扩张的中心区，即在大洋中脊及其断裂谷中。仅在东太平洋海隆一个长约6千米、宽约0.5千米的断裂谷地，就发现十多个温泉口。在大西洋、印度洋和红海都发现了这样的海底温泉。初步估算，这些海底温泉，每年注入海洋的热水，相当于世界河流水量的1/3。它抛在海底的矿物，每年达十几万吨。这些矿物稍加分解处理，就可以为人们所利用。

海底沉积物

在地中海南岸一个叫突尼斯的地方，它附近的马迪亚海区水下 40 米处，人们发现有许多埋在淤泥中的大理石柱，据历史学家考证这些东西是 2 000 年前的文物。这一发现公布之后，引起奥地利考古学家的兴趣，他们即刻组织潜水员前往现场考察。在那里，他们发现了一些古代的拱桥和少有的大型建筑。经过进一步研究，认为这是古代的一座城市。

海洋在地球上已存在 40 多亿年了。在这漫长的地质年代里，由陆地河流和大气输入海洋的物质以及人类活动中落入海底的东西，包括软泥沙、灰尘、动植物的遗骸、宇宙尘埃等，年积月累、日久天长，已经多得无法计算了。而在人类历史的长河中，由于海陆变迁、地震、火山、暴潮、洪水和战争等天灾人祸，一些城市、村镇、港口等沉入海底；至于因大风、巨浪、冰山碰撞、海战等原因葬身鱼腹的舰船，那就更多了。科学上就把这些东西统称为

沉没于海底的船只

海底沉积物。然而伴随着科学与潜水打捞技术的提高，这些沉睡海底的宝藏，迟早要与世人见面。

除了陆源物质形成的沉积物外，大洋深海的沉积物主要来源是在大洋生活的生物。主要是浮游生物的遗骸。由于深水区会使可溶解的矿物质溶解，所以沉到4 000～6 000米深的洋底，主要是难以溶解的硅质等生物硬体，其主要种类是富含硅质的放射虫和硅藻等。这些深海沉积物称为放射虫软泥和硅藻泥，此外还有抱球虫软泥和翼足虫软泥。放射虫是单细胞原生动物，放射虫软泥主要分布于太平洋和印度洋的热带深海区。翼足虫软泥也是分布在热带海区。硅藻是浮游植物，硅藻软泥主要分布在冷水海区，在暖水区也有分布。由于自身形成的沉积物来源很少，所以大洋底1 000年才增加1～2毫米厚的沉积物。

海底沉积物中有一个显著的例子就是塔里木油田的发现。1995年5月5日，新华社报道，我国科学家在塔里木盆地发现巨大的海相生油田。塔里木盆地处祖国大西北内陆，面积约56万平方千米，差不多有4个山东省那么大。据科学家考证，在1亿多年以前，那儿曾是波涛汹涌的海洋。后来，由于喜马拉雅造山运动，将它推俯挤压和抬高，由海洋变为陆地，最后变成一片沙漠。当年在塔里木海洋中，生长茂密的生物群和掩埋在海底的大量沉积物中的有机质，在高压高温和特殊的地层环境中，变成了今天发现的大油田。石油深藏在地下约5 000米的地方，这5 000米的地层，有很大一部分就是海底的沉积物，现在也变成了岩石或化石。

海 岸

一提起海岸，人们便会想到悬崖、沙滩，想到白沫飞溅、惊涛拍岸，想到一轮赤红的太阳从靛蓝的海面升起的壮观景象。

那么海岸是什么？通俗地说，海岸是临接海水的陆地部分。进一步说，海岸是海岸线上边很狭窄的那一带陆地。总之，海岸是把陆地与海洋分开同时又把陆地与海洋连接起来的海陆之间最亮丽的一道风景线。但是，它不是一条海洋与陆地的固定不变的分界线，而是在潮汐、波浪等因素作用下，每天都在发生变动的一个地带。它形成于遥远的地质时代，当地球形成，海洋出现，海岸也就诞生了。蜿蜒曲折的海岸线经历了漫长的沧桑变化，才形成今天的模样。

说到这里我们要了解一下海岸线的形成。海岸线是陆地与海洋相互交汇的地带，是岩石圈、大气圈、水圈和生物圈相互影响的叠合地带。世界海洋面积巨大，岛屿分布星罗棋布，就造成了海岸曲折复杂。在海浪、气候等因素的影响下，海岸线时刻都在发生着变化。

一般而言，有了美丽的海岸，海滩当然也是不可缺少的一部分。海滩通常在海岸地段，是由波浪的沉积作用形成的。海滩可由泥、沙、石子这些沉积物组成，也可以由它们混合组成。在海浪的撞击下，海岸的部分岩石裂开，落下一块块大圆石。大圆石裂成小圆石，接着变成碎石，最后散成细细的沙子。海浪冲刷海岸时，常常将沙粒、碎石等带到海边，这些沉淀物慢慢在海边铺开，有的还变成了沙滩。

知道了海岸的基本构成，了解海岸的地貌特征也同样重要。世界各地海岸的形态千差万别，有的海岸陡峭曲折，有的海岸则比较平缓。海岸的升降运动是造成这种形态的主要原因。由于地壳运动等原因，有的海岸发生下沉，

红树林海岸

海水漫上大陆，淹没平原、河谷、山沟，使从前的高山峻岭变成海滨的悬崖峭壁，形成了险峻的深水港湾。与此相反，有的海岸地势升高，潮位线就会后退，一部分浅海沙滩就会升出水面，从而形成平缓的海岸。所以海岸的地貌也是千姿百态，类型多种多样的。我们根据海岸动态可分为堆积海岸和侵蚀性海岸；根据地质构造划分为上升海岸和下降海岸；根据海岸组成物质的性质，可把海岸分为岩石海岸、砂砾质海岸、淤泥质海岸、红树林海岸。

这其中根据海岸组成物质的性质的划分应引起我们的格外重视。

就岩石海岸而言，构成海岸的岩石种类是决定海岸地形的主要因素。坚硬的岩石，例如花岗岩、玄武岩和某些砂岩，比较能够抵抗海水的侵蚀，所以往往形成高峻的海岬和坚固的悬崖，使植物得以附着在上面生长；砂砾海岸包括砂质海岸和砾石海岸。砂质海岸主要分布在山地、丘陵沿岸的海湾。山地、丘陵腹地发源的河流，携带大量的粗砂、细砂入海，除在河口沉积形成拦门沙外，随海流扩散的漂砂在海湾里沉积成砂砾海岸。而潮滩上下堆积大量碎玉般石块的海岸称为卵石海岸。它在我国分布较广，多在背靠山地的海区。辽东半岛、山东半岛、广东、广西及海南都有这种海岸分布。辽东半岛西南端的老铁山沿海断续分布着以石英岩为主的卵石海岸。在山东半岛，许多突出的岬角附近都有卵石海岸出现；淤泥质海岸是由淤泥或掺杂粉沙的淤泥组成，多分布在输入细颗粒泥沙的大河入海口沿岸。西欧的荷兰和中国的渤海湾沿岸是世界上最著名的淤泥质海岸；红树林海岸是由耐盐的红树林植物群落构成的海岸。红树林分布在低平的堆积海岸的潮间带泥滩上，特别在背风浪的河口、海湾与沙坝后侧的泻湖内最易发育。它常常沿河口、潮水沟道向内陆深入数千米。

更为让人惊奇的就是晶莹洁白的冰雪海岸。在遥远的南极和北极，映入眼帘的是茫茫的冰盖和雪原，那里是冰雪世界。南极洲和北冰洋的海岸十分奇特，在那里很难见到泥沙、岩石，连绵不绝的是由晶莹、洁白、纯净的冰雪组成的海岸。

除此以外，随着科学技术和经济社会的发展，人们驾驭、改造和利用自然的能力也不断加强。人工海岸，即改变原有自然状态完全由人工建设的海岸，规模越来越大。盐场海堤成为雄伟的人工海岸；大规模的海水养殖业也使海岸的面貌发生巨变；海港码头，也是典型的人工海岸；围海造地在我国

人工海岸

同样有悠久的历史，为工业用地和城建用地而围海也要先修建拦海大坝，形成人工海岸。

现代社会，全世界一半以上的人口，生活在临近海岸的地带，他们创造着60%以上的物质财富。因此可以说海岸是人类繁衍、生活，从事劳动、生产的重要地区。亿万人在海岸地带生息，与海岸相依相伴；同时美丽富饶的海岸使亿万人民和沿岸国家、地区从贫穷落后走向富足和繁荣。

然而与此同时，我们的海岸也面临着巨大的威胁。人们在海岸边建造旅馆，乱扔杂物，把石油和垃圾倾倒在沿岸的海水中，使海滩处于岌岌可危的状态。旅游区的噪声和强光扰乱了栖居在海滩上的鸟类和爬行动物的环境……所有的这一切问题，我们都应该重视起来，保护我们的海岸，保护我们的家园，将成为我们人类时刻不能松懈的任务。

海峡与海湾

广袤浩瀚、碧波万顷的海洋上，分布有“海洋咽喉”之称的海峡。在海洋的边缘，又分布着众多水深浪小、有“船舶之家”之称的海湾。海峡与海湾是自然地理的重要组成部分，也与人类社会的生活息息相关。

海峡是指两块陆地之间连接两个海或洋的较狭窄的水道。它一般深度较大，水流较急。由于地理位置特殊，海峡往往都是水上重要的交通枢纽，因此它在交通和战略上具有重要意义。著名的海峡有很多，其中有马六甲海峡、直布罗陀海峡、白令海峡等。

位于马来半岛和苏门答腊岛之间的马六甲海峡，因马来半岛南岸古代名城马六甲而得名。海峡西连安达曼海，东通南海，长约 1 080 千米，连同出口处的新加坡海峡全长为 1 185 千米，它是连接太平洋和印度洋的重要海上通道，也是世界上最重要的洋际海峡。

被誉为欧洲的“生命线”之称的直布罗陀海峡也毫不逊色。“直布罗陀”一词源于阿拉伯语，是“塔里克之山”的意思，它位于欧洲伊比利亚半岛南端和非洲西北角之间，全长约 90 千米。该海峡是沟通地中海和大西洋的唯一通道，是连接地中海和大西洋的重要门户。

在这里值得一提的还有霍尔木兹海峡。它是连接波斯湾和印度洋的海峡，它也是唯一一个进入波斯湾的水道。海峡的北岸是伊朗，南岸是阿曼，海峡中间偏近伊朗的一边有一个大岛叫作格什姆岛，隶属于伊朗。如今的霍尔木兹海峡是全球最繁忙的水道之一，波斯湾沿岸地区是世界上石油蕴藏和生产量最大的地区，因此该海峡又被称为“西方世界的生命线”。

此外还有莫桑比克海峡。它位于非洲大陆东南岸同马达加斯加岛之间，呈东北西南走向，全长 1 670 千米，是世界最长的海峡。海峡两岸的主要港口

直布罗陀海峡

有科摩罗的莫罗尼、莫桑比克的纳卡拉、莫桑比克、贝拉、马普托等。

比起海峡，海湾的形式也是多种多样。我们通常将延伸入大陆，深度逐渐减少的水域称为海湾。简单地讲，海湾就是海和洋伸进陆地的部分，它对调节气候和海洋运输有很重要作用。这其中比较著名的海湾有几内亚湾、阿拉伯海，还有我国的大连湾、胶州湾、北部湾。北部湾是我国最大的海湾。然而世界上最大的海湾却是隶属印度洋的孟加拉湾，它是世界上最大的海湾，其面积为217 万平方千米，是印度洋向太平洋过渡的第一湾，也是两大洋之间的重要海上通道。在它沿岸的重要港口有加尔各答、马德拉斯和吉大港等。

岛　屿

有一位老航海家曾经说过："海洋里的岛屿，像天上的星星，谁也数不清。"也有人说："每一个海上的岛屿就像是一颗闪闪发光的珍珠，都是无价的宝贝。"可见，岛屿——这些海上的明珠，数量不仅多，而且宝贵。

岛屿是比大陆小而完全被水环绕的陆地。它是对海洋中露出水面、大小不等的陆地的统称。在河流、湖泊和海洋里都有，面积从很小的几平方米到非常大达几万平方千米不等。事实上，岛与屿是有所不同的，岛的面积一般较大，屿是比岛更小的海洋陆块。但平时人们常把岛和屿连起来，用于泛指各种大小不同的海洋中的陆地。此外，人们还常用礁、滩来称呼它们，露出水面的叫岛礁，隐伏在水下的叫暗礁。暗礁是航船危险的障碍，船在海洋航行，如果触到了暗礁，就会造成沉船的灾难。

总的来说，世界岛屿面积约占陆地总面积的7%，而最大的岛屿是北美洲东北部的格陵兰岛。

除了最大的岛屿外，还有许多富有特色的岛屿。比如千姿百态的火山岛、风光旖旎的珊瑚岛和神秘的复活节岛等。

火山岛是海底火山喷发物质堆积，并露出海面而形成的岛屿。海岛形成后，由于长年的风化剥蚀，岛上岩石破碎成土壤，开始生长动植物。冰岛不但寒冷多雪，还是世界上火山活动最活跃的地区。全岛火山有200多处，其中活火山约30座，历史上有记载的火山喷发活动就有150多次。

珊瑚的石灰质骨骼加上单细胞藻类的残骸以及双壳软体动物、棘皮动物的甲壳，日积月累，就形成了珊瑚礁和珊瑚岛。那里主要有三种珊瑚礁：岸礁、环礁、堡礁。珊瑚岛主要分布在太平洋和印度洋近赤道地带的热带水域。

那里风光美丽，景色宜人。

智利附近的南太平洋上，有一个孤零零的小岛。它就是神秘的复活节岛。1722年，罗格文将军带领一帮人登到岛上，发现岛上耸立着许多石雕人像，它们背靠大海，面对陆地，排列在海岛的岸边上。每个石像形态不同，大小也不一样。这些石像是如何来的，至今还是一个谜。

由于岛屿是被隔离的陆地，所以岛屿上的动植物非常有特色。往往是其他地方没有发现的动植物种的栖息地，人们称这些物种为特有物种。

世界上最大的岛屿格陵兰岛

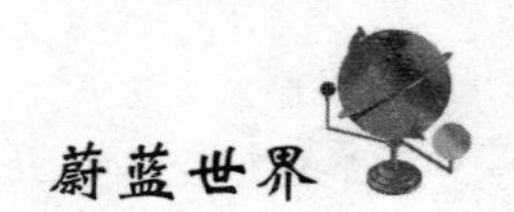

群岛和半岛

如果说一个岛屿就是一颗明珠，那么群岛就可以称得上是珍珠项链了。彼此相距很近的许多岛屿合称为群岛，如马来群岛、西印度群岛等。

除此以外，坐落在中国长江口东南海面的舟山群岛，是中国最大的群岛，素有“海上仙山”的美称。这里岛礁众多，星罗棋布，共有大、小岛屿1 339个，约相当于我国海岛总数的20%。舟山群岛的主要岛屿有舟山岛、岱山岛、朱家尖岛、六横岛、金塘岛等，其中，面积约为502平方千米的舟山岛最大，它是我国第四大岛。

在这里比较著名的还有加拉帕戈斯群岛。加拉帕戈斯群岛由19个火山岛组成，从南美大陆延入太平洋约1 000千米，被人称作“独特的活的生物进化博物馆和陈列室”。这里生存着一些不寻常的动物物种。例如陆生鬣蜥，巨龟和多种类型的雀类。1835年，查尔斯·达尔文参观了这片岛屿后，从中得到感悟，为进化论的形成奠定了基础。群岛的名字“加拉帕戈斯”源于西班牙

加拉帕戈斯群岛

语“大海龟”之意。由于远离大陆，这里的动物以自己固有的特色进化着。

相对群岛而言，半岛是伸入海洋或湖泊中的陆地，三面临水，一面与陆地相连，如阿拉伯半岛、中南半岛等。半岛面积大小不一；伸入海洋的长度有长有短；形状各异：楔状、条状和不规则形；成因也不同：有山地隆起型、陷断型、泥沙堆积型、火山熔岩堆积型等。中国的半岛分布于东部和南部，其中又以山地海岸为多。著名的半岛有辽东半岛、山东半岛、雷州半岛、九龙半岛等。

在所有的半岛中，位于亚洲西南部的阿拉伯半岛是世界最大的半岛。它的面积约300万平方千米，包括沙特阿拉伯、也门、科威特等7个主权国家的领土。半岛上矿产丰富，是世界上石油、天然气蕴藏最丰富的地区之一。

在欧洲，曲折蜿蜒的海岸线，如繁星般多的半岛，使它素有“半岛的大陆”的称号。其中，面积超过10万平方千米的半岛有5个：北欧的斯堪的纳维亚半岛（世界第五大半岛），面积约5万平方千米；西南欧的伊比利来半岛；东南欧的巴尔干半岛；南欧的亚平宁半岛；北欧的科拉半岛。

在南极洲也有一个大半岛，它是位于南极大陆威德尔海与别林斯高晋海之间的南极半岛，面积约有18万平方千米，是一个多山的半岛。南美洲和大洋洲虽然也有半岛，但面积都很小。

夏威夷群岛

夏威夷群岛实在是个梦幻般的地方。

这里的天空和海水都是最最澄澈的颜色，棉花糖一般洁白松软的云朵总在天上不紧不慢地悠着，习习的微风怡人得像豆蔻少女投来的回眸一笑。一年四季各种奇花异草张扬地满开路边，还不甘心地散出甜香充溢人们的口鼻之间。金灿灿的沙滩在菠萝树、棕榈树的点缀下平平地直铺入海浪深处，散布在岸边的五彩洋伞下面飘散出美酒的醇香和悠扬的乐声……

如此浪漫美丽的夏威夷群岛位于海天一色、浩瀚无际的中太平洋北部，是美国唯一的岛屿州。由夏威夷、毛伊、瓦胡、考爱、莫洛凯等 8 个较大岛屿和 100 多个小岛组成，就像一串光彩夺目的珠链在白云悠悠、海水深碧的茫茫大洋上熠熠生辉，逶迤 3 200 千米。美国著名作家马克·吐温曾盛赞夏威

夏威夷

夷群岛为“大洋中最美的岛屿”“是停泊在海洋中最可爱的岛屿舰队”。

的确，夏威夷不仅有海浪、沙滩、火山、丛林的大自然之美，而且因地处太平洋中央，扼美、亚、澳三大陆的海空交汇中心，具有十分重要的战略地位。它地处太平洋心脏地带，是太平洋上的交通要冲。它向南至大洋洲的斐济首都苏瓦约 5 000 千米，向东到美国西海岸的圣弗兰西斯科近 4 000 千米，向西到日本的横滨约 6 300 千米，向北到阿拉斯加约 4 000 千米，而且中间几乎没有什么岛屿可靠。因此，夏威夷群岛的地理位置和战略地位就显得特别重要，素有“太平洋的十字路口”和“太平洋心脏”之称。

由于夏威夷群岛是太平洋怀抱中的群岛，而且是从太平洋的中部崛地而起的。所以关于它的形成有两种说法：一种是热泉说，太平洋板块在夏威夷热泉的上方缓慢移动，就好像是一张纸在一根点燃的蜡烛上移动，移到哪里，哪里就开始喷发火山，形成火山岛。另一种是板块裂缝说，夏威夷这样的系列岛屿链，是沿太平洋板块中部的裂缝生成的。

另外，说起夏威夷，人们就会想起草裙舞。而在夏威夷，无论男女都跳草裙舞，跳舞时，男性只缠着一条腰带，女性则不着上装。传说中第一个跳草裙舞的是舞神拉卡，她跳起草裙舞招待她的火神姐姐佩莱，佩莱非常喜欢这个舞蹈，就用火焰点亮了整个天空。自此，草裙舞就成为向神表达敬意的宗教舞蹈。现在，它已经变成用尤克里里琴伴奏的娱乐性舞蹈，观赏草裙舞成了游客游览夏威夷的保留节目。

冰　岛

冰岛的名称原意是“冰的陆地”，中文意译为“冰岛”。它位于大西洋北部接近北极圈的地方，属于欧洲范围，是西北欧地区的一个岛国，面积约 103 106 平方千米。这个岛国约有 75% 是海拔 400 米以上的高原，最高的华纳达尔斯火山海拔 2 119 米，其余为平原低地。被冰雪覆盖的面积约占全国面积的 13%，境内有许多冰川（冰河），其中最著名的为东部的瓦特纳冰川，是欧洲最大的冰川。

由于冰岛位于北半球的高纬度地区，每年的冬季，太阳照射的时间非常短，人们过着漫漫长夜的生活；夏天相反，好像太阳总在头顶转圈圈，天还未完全黑又亮了起来。在每年 10 月前后一段时间里，夜晚可以看到北极方向发出闪耀的极光。

冰岛不但寒冷多雪，还是世界上火山活动最活跃的地区。全岛有火山 200 多处，其中活火山约 30 座，历史上有记载的火山喷发活动就有 150 多次。现在的冰岛，11% 的地面被火山熔岩覆盖着。因此，冰岛又被人们称为“冰与火共存的海岛”。不但岛上有火山，附近海底也经常有火山喷发。1963 年冰岛附近的海洋上发生一起火山喷发，形成了一个小岛，冰岛人给它起了个名字，叫瑟特塞火山岛。

火山活动的地方，温泉也很多。冰岛目前约有 800 多处温度较高的温泉，这些温泉水温多数在 75℃左右，最高的 110℃以上，它们不停地向地面涌出热水和蒸汽。到了冬天，在首都雷克雅未克城的四周上空大雾弥漫，那就是温泉冒出的水汽，所以人们称雷克雅未克城是“冒烟的城市”，但那不是烟，而是水蒸气。

尽管是“冰的陆地”，可冰岛却是个富国，在那里人民过着富裕的生活。

冰岛有着丰富的水资源，岛上有许多著名的喷泉、瀑布

它的富裕主要是靠渔业、水力和地热三项资源。渔业生产是冰岛经济的支柱产业，国家经济的收入，有百分之七八十靠出口渔产品。水力资源也是冰岛的优势之一。冰岛降水量较大，地形坡度大，河流湍急，蕴藏着很大水能，如果全部开发利用，每年可生产300多亿度电能，而现在只开发了10%左右。冰岛地热能蕴藏量比水能还要大，如果全部利用起来，每年能发电800多亿度，而现在只开发利用了约7%。需要提出的是，水力和地热是干净的能源，而且在可见的将来能够永久利用。因此，现已有人设想，在冰岛大力开发水能和地热能，通过海底电缆输送到英国和欧洲大陆。那时，冰岛将会得到取之不尽，用之不竭的财富。

冰岛的旅游资源，尤其是温泉更具有它的特色。如世界闻名的吉赛尔间隙大喷泉，喷口处直径达2米多，每隔6小时左右喷发一次，喷出的水柱冲天而上，并发出声响，非常壮观。此外，还有良好的旅游设备，优质的服务条件和冰岛人的纯朴热情。因此，冰岛每年吸引了七八万游客到此旅游。

三、海洋之声

海　浪

海浪就像是大海跳动的“脉搏”，周而复始，永不停息。平静时，微波荡漾，浪花轻轻拍打着海岸；“发怒”时，波涛汹涌，巨浪击岸，浪花飞溅，发出雷鸣般响声。正因为有了海浪，大海才显得生机勃勃，令人神往。

而最初，一朵朵美丽的、小小的浪花，就像大海上的精灵。它是由水薄膜隔开的气泡组成的。在淡水中气泡相互靠近、融合，而在咸水中气泡相互排斥、分离。在咸水中形成的气泡比淡水中更细小，存在的时间也更长些。气泡上升到海面时破裂，并将咸水珠抛到比气泡直径大千倍的高处，于是就产生了浪花。

其实这一切都是风在推波助澜，海浪是风在海洋中造成的波浪，包括风浪、涌浪和海洋近岸波等。通常它们的波长为几十厘米至几百米，周期为0.5

海浪

~25 秒，波高几厘米至 20 多米，特殊隋况下波高可超过 30 米。

首先是风浪。人们常说“无风不起浪”，风直接推动着海浪，同时出现许多高低长短不等的波浪，波面较陡，波峰附近常有浪花或大片泡沫，这就是风浪的形成。

其次是涌浪。风浪传播到风区以外的海域中所表现的波浪便是涌浪。它具有较规则的外形，排列比较整齐，波峰线较长，波面较平滑，略近似正弦波。在传播中因海水的内摩擦作用，使能量不断减小而逐渐减弱。

最后的是海洋近岸波。它是风浪或涌浪传播到海岸附近，受地形的作用改变波动性质的海浪。随海水变浅，其传播速度变小，使波峰线弯转，渐渐和等深线平行，波长和波速减小。在传播过程中波形不断变化，波峰前侧不断变陡，后侧不断变得平缓，波面变得很不对称，以至于发生倒卷破碎现象，且在岸边形成水体向前流动的现象。一般，海浪冲击陡峭的岩岸，在斜斜的沙砾或泥质的海岸边形成卷波或崩波。

虽然海浪很常见，但它对海上航行、海洋渔业、海战都有很大的影响。海浪能改变舰船的航向、航速，甚至产生船身共振使船体断裂，破坏海港码头、水下工程和海岸防护工程，影响雷达的使用、水上飞机和舰载机的起降、水雷布放、扫雷、海上补给、舰载武器使用和海上救生打捞等。

不仅如此，海浪中还蕴藏着巨大的能量。据测试，海浪对海岸的冲击力达每平方米 20~30 吨。当海浪波高 3 米时，10 平方千米海面的海浪所具有的波浪能，就相当于我国新安江水电站所具有的电能——66 万千瓦。虽然海浪的力量是巨大的，但对于广阔的大海来说它仍然是渺小的。比如说一个波高为 10 米，波长为 200 米的波浪，在 200 米深处，它的振幅减小到 10 毫米，也就是说海面上波高为 10 米的巨浪，到 200 米深处只不过引起 2 厘米的波动而已。所以尽管海面上会出现惊涛骇浪，但在大洋的深处，仍然是一个平静的世界。

潮　汐

世界上有两大涌潮景观地：一处在南美洲亚马孙河的入海口；另一处则在中国钱塘江北岸的海宁市。

每年农历八月十八，在浙江海宁的海潮最有气魄。因钱塘江口呈喇叭形，向内逐渐浅窄，潮波传播受约束而形成。潮头高度可达35米，潮差可达89米，蔚为壮观。但南美的亚马孙河口的涌潮，比我国钱塘江大潮还要壮观。

众所周知，潮起潮落是大海的正常现象，是海水重要的运动形式。而在所有的海水运动形式中，最早被人们注意到的就是潮汐。

大海中的海水每天都按时涨落起伏变化。古时，人们把白天的涨落称为“潮”，夜间的涨落叫作“汐”，合起来叫作“潮汐”。潮汐现象使海面有规律的起伏，就像人们呼吸一样。潮起时，海面波涛汹涌，翻腾着的浪花击打着岸边的岩石，犹如一位凯旋的将军带着千军万马归来，波澜壮阔。潮落时，海面风平浪静，轻柔退去的浪花抚摸着金黄色的细沙，奇形怪状的礁石，都显露出来。

那么如此神秘的潮汐是怎样形成的呢?

潮汐是海水受太阳、月亮的引力作用而形成，引力会引起海平面的变化。在地球面向月球的一面引力最大，能产生高潮；在地球背离月球的一面引力最小，海水向背离月球方向上涨，也能产生高潮。

从某一时刻开始，海水水位（潮位）不断上涨，这一过程叫涨潮；海水上涨到最高限度，就是高潮；这时，在短时间内，海水不涨也不落，叫平潮；平潮之后，海水开始下落，这叫“退潮”；海水下落到最低限度，即低潮；在一个短时间内出现不落不涨，这叫“停潮”。停潮过后，海水又开始上涨。如此周而复始。

起潮

退潮

这期间，海洋的潮汐就像太阳的东升西落一样，天天出现，循环不已，永不停息。此外，在海水的一涨一落中还蕴藏着巨大的能量。潮汐能的大小随潮差而变，潮差越大，潮汐能越大。例如在1 000平方米的海面上，当潮差为5米时，其潮汐能发电的最大功率为550千瓦；而潮差为10米时，最大发电功率可达22 000千瓦。据专家们估计，全世界海洋蕴藏的潮汐能的年发电量可达33 480万亿度。因此，人们将潮汐能称为“蓝色的煤海”。世界上最早的潮汐电站是法国的朗斯发电站。

潮汐不仅仅为人类提供巨大的能源，在历史上潮汐与战争也有着密不可分的关系。

掌握潮汐发生的时间和高低潮时的水深是保障舰船航行安全，进出港口、通过狭窄水道及在浅水区活动的重要条件，也是建设军港码头、水上机场，进行海道测量、布雷扫雷、救生打捞，构筑海岸防御工事，组织登陆、抗登陆作战和水下工程建设等必须考虑的重要因素。在著名的诺曼底登陆中，盟军在制定登陆计划时，考虑到潮汐的因素，陆军选择在高潮登陆，海军选择在低潮间登陆，由于五个滩头的潮汐不尽相同，所以规定五个不同的登陆时刻。

海 流

海流又称洋流，它是海水沿一定途径的大规模流动。海流就像陆地上的河流那样，长年累月沿着比较固定的路线流动着，不过，河流两岸是陆地，而海流两岸仍是海水。海流遍布整个海洋，既有主流，也有支流，不断地输送着盐类、溶解氧和热量，使海洋充满了活力。

海流在大洋中流动的形式是多种多样的，除表层环流外，还有在下层里偷偷流动的潜流，由下往上的上升流，向底层下沉的下降流，海流水温高于周围海温的暖流，水温低于流经海域的寒流，水流旋转的涡漩流，等等。

世界上最大的海流，有几百千米宽，上千千米长，数百米深。大洋中的海流规模非常大，而且还并不都是朝着一个方向流动的。打开一张海流图，你会发现，上面那些像蚯蚓般的曲线，都是代表着海水流动的大致路线。它们首尾相接，循环不已，这就是大洋表层的环流，我们形象地把它比喻为“海洋的血液”。正因为有洋流的运动，南来北往，川流不息，对高低纬度间海洋热能的输送与交换，对全球热量平衡都具有重要的作用。从而调节了地球上的气候。

洋流中有着丰富的海洋生物资源

在这中间，最为著名的便是墨西哥湾（暖）流。因为它不是一股普通的海流，而是世界上第一大海洋暖流。墨西哥湾流虽然有一部分来自墨西哥湾，但它的绝大部分来自加勒比海。它的流量相当于全世界河流量总和的120

倍，每年供给北欧海岸的能量，大约相当于在每厘米长的海岸线上得到600吨煤燃烧的能量，像一条巨大的暖气管，供应巨量的热，这就使得欧洲的西部和北部的平均温度比其他同纬度地区高出16～20℃，甚至北极圈内的海港冬季也不结冰。

黑潮是世界大洋中第二大暖流。黑潮像一条海洋中的大河，宽100～200千米，深400～500米，流速每小时3～4千米，流量相当于全世界河流总流量的20倍。它携带着巨大的热量，浩浩荡荡，不分昼夜地由南向北流淌，给日本、朝鲜及中国沿海带来雨水和适宜的气候。

除此以外，还有一种缓慢爬升的海流。

秘鲁位于太平洋的东南岸，海岸线长达2 200米，是世界著名的渔业大国。秘鲁能拥有如此丰富的渔业资源，得益于海流。不过，不是大洋环流，是一种在垂直方向上流动的海流，叫作上升流。由于上升流的速度太小，大约每秒钟只上升千分之一厘米，每天大约上升不足1米，不容易被察觉出来。上升流能把海洋下层的水带到海面上来，所以在有上升流的地方，海水的温度比周围低些，在夏季或是热带海域，能比周围低5～8℃；盐度比周围海水也要显著高些。

马尾藻海

有这么一个被众多航海家称之为“魔鬼之海”的海域，它是一个“洋中之海”，四周都是广阔的洋面。在众口流传的故事中，它被形容为一个巨大的陷阱，经过的船只会被带有魔力的海藻捕获，陷在海藻群中不得而出，最终只剩下水手的累累白骨和船只的残骸……而百慕大三角作为这一海域上最著名的神秘地带，被称为“海洋上的坟地”。它就是令人谈之色变的——马尾藻海。

马尾藻海是大西洋中一个没有岸的海，面积约520万平方千米。相当于阿根廷面积的两倍。1492年，哥伦布横渡大西洋经过这片海域时，船队发现前方视野中出现大片生机勃勃的绿色，他们惊喜地认为陆地近在咫尺了，可

马尾藻海表面被马尾海藻严严实实地遮盖着

是当船队驶近时，才发现“绿色”原来是水中茂密生长的马尾藻。马尾藻海围绕着百慕大群岛，与大陆毫无瓜葛，所以它名虽为“海”，但实际上并不是严格意义上的海，只能说是大西洋中一个特殊的水域。墨西哥湾暖流在其西，北大西洋暖流在其北，加那利寒流在其东，北赤道暖流在其南，约 3 200 千米长，1 100 千米宽。

马尾藻海最明显的特征是透明度大，是世界上公认的最清澈的海。一般来说，热带海域的海水透明度较高，达 50 米，而马尾藻海的透明度达 66 米，世界上再也没有一处海洋有如此之高的透明度。所谓海水透明度，是指用直径为 30 厘米的白色圆板，在阳光不能直接照射的地方垂直沉入水中，直至看不见的深度。

在马尾藻海这片空旷而死寂的海域，几乎捕捞不到任何可以食用的鱼类，海龟和偶尔出现的鲸鱼似乎是唯一的生命，此外就是那些疯狂滋长的马尾藻。

马尾藻是一种最大型的藻类，是唯一能在开阔水域上自主生长的藻类。这种植物并不生长在海岸岩石及附近地区，而是以大“木筏”的形式漂浮在大洋中，直接在海水中摄取养分，通过分裂成片再继续以独立生长的方式蔓延开来。

与此同时，由于马尾藻海的海水稳定，且表层的海水几乎不与中层和深层的海水对流，因而它的浅水层的养料便无法更新。这样一来，就不利于浮游生物在这一海区繁殖生长，因此在这里的浮游生物较少，同时以浮游生物为食物的海兽和大型鱼类也无法生存，于是这一海域就显得毫无生气，死气沉沉。

在航海家眼中，马尾藻海是海上荒漠和船只的坟墓。原来其地理位置恰好处于大西洋北部环流的中心，因此，它像台风眼无风一样，是一个风平浪静、水流微弱的海区。正是因为这种原因，才会使古老的、依赖风和洋流助动的船只在这片海域寸步难行。

水循环

中国古诗中有“山雨欲来风满楼”的佳句。刮风下雨像一对孪生兄弟，总是相伴而行。那么，地球上的风雨是哪里来的呢？

不同的风雨，各有不同的成因和来源。但是，从地球宏观水循环的观点看问题，风雨起源于海洋，海洋是风雨的故乡。在广阔的海面上，海水不断地蒸发进入大气层。海面上的气团就像一个吸满水的湿毛巾。湿气团上升成云，靠太阳和海洋供给的能量，由海面输送到大陆上空，以雨雪的形式降落到地面，再经江河返回海洋。地球上水的总量约为 15 亿立方千米，其中海水约为 13.7 亿立方千米。陆地上的水和海水相比，只占了很少部分。在陆地上分布着河流、湖泊、沼泽和地下水，连同厚厚的冰川，这些水组成了自然界的水圈。千百年来，它们如此循环不息，数量变化很小，这就是地球水的自然循环。风雨从海洋开始，又回到海洋。因此我们说海洋是风雨的故乡。

在自然界里，水的大、小循环交织在一起

事实上，海洋不但是风雨的故乡，它还是地球的中央空气调节器。在夏天的时候从海洋上吹来凉爽的风，冬天的时候又给陆地送去温暖的风，它时时刻刻调节着空气的温度和湿度。能有调节气候的作用，原因就在于海洋是一个巨大的热能仓库。

海洋的面积广大，海水吸收热量的能

力强，进而储存热量的能力也大。海洋表面的热量来源最主要的是太阳辐射。进入海洋热量的51%用于海水蒸发，42%用于海面回辐射，7%用于对流和传导，是海水传给了大气。因此，到达地球的大部分太阳能量都被海洋吸收并储存起来，海洋就成为地球上名副其实的热能大仓库。相对海洋而言，陆地表面吸收太阳热量能力差，而且集中在表层很浅的地方，储存能力也很差。白天热得快，夜晚也凉得快。这样一来，地球热量的供应就主要由海洋来调节。海洋通过海水温度的升降和海流的循环，并通过与大气的相互作用影响地球气候变化。

海洋不但通过大气调节地球气候，而且海洋浮游植物的光合作用，还向地球大气提供40%的再生氧气。另外60%的再生氧气是森林和其他地表植物提供的，因此，人们把海洋与森林并称为地球的两叶肺。不过，地球的这两叶肺与动物的肺相反，它吸入的是二氧化碳，呼出却是新鲜的氧气。地球上的生物就是依靠氧气继续存活下去。

海水温度

“万物生长靠太阳”。太阳能量辐射到地球，80%以上被地球表面吸收，只有不到20%反射到空中。而到达地球的大部分太阳能量被海洋吸收并储存起来，虽然海洋积聚了大量的热，但水温也不会升得很高。

虽然如此，每年每天海洋表层水温总是受到太阳辐射、海流和盛行风变化的影响，海水温度仍然会发生变化。赤道和高纬度海区表层水温的年变化相对比较小，一般为1～2℃。大洋表层水温每天变化最小，一般不会超过0.4℃。中纬度变化最大，尤其是在北纬35°附近，表层水温年变化可以达到12℃。浅海的海水表层每天的温度变化也较大，常常可以达到3～4℃以上。海水表层温度的每日变化会通过海水向更深层海水传导，表层以下各层水温的年变化比较小。不过影响的最大深度不会超过50米。

海水比较温和，透光性好，可容纳很多的太阳辐射能

也可以简单地讲，海水温度的垂直变化由于太阳辐射首先到达海水表面，海水温度随深度而发生变化。海水越深，水温越低，而且深层海水的水温年变化幅度也越来越小。从表层向深层，水温渐低，1 000 米以下的深层海水，经常保持低温状态。不过，在大洋底层的海水由于受到地壳内岩浆活动的影响，温度有时候也会出现异常的变化。

海水温度是海水的一个重要的理化指标。实际上，它也是度量海水热量的重要指标。每天海水温度都会随着太阳的辐射而发生变化。表层水温的每日变化的最高值和最低值出现的时间与太阳的辐射强度有直接的关系。每天中午 12 点左右是每天太阳辐射最强的时候，海水的最高温度一般会在午后 2 点左右出现；每天夜间海水的温度都会降低，到凌晨 4 点海水的温度会下降到全天最低点。

尽管如此，不管是在炎热的夏天还是在寒冷的冬天，海水的温度受四季的影响仍然不大。这是因为海水的热容量比空气的热容量大得多，海水的温度变化也比空气的温度变化缓慢。可是为什么每天海水的温度变化总是滞后于太阳辐射的变化呢?

这是因为太阳辐射的热量大部分用于蒸发海水，只有一小部分用于升高水温。由于海水的比热比空气大得多，因此，水温上升的过程十分缓慢，出现了海水温度最高值比太阳辐射最强时间滞后的现象。同样，海水降温的过程也进行得比较缓慢，形成了最低水温要比太阳辐射的最弱时间晚得多的现象。

总之，海水温度常作为研究水团性质、鉴别洋流的基本指标。研究海水温度的时空分布及其变化规律，不仅是海洋地理学的重要内容，而且对渔业、航海、气象和水声等学科也有重要价值。

海水颜色

晴朗的夏日，面对烟波浩渺的大海、蔚蓝色的海面，辉映着蔚蓝色的天穹，极目远眺，水天一色，极为壮观。即使从太空中看，地球也是个蔚蓝色的星球。而事实上，海洋水和普通水并没两样，都是无色透明。为什么看见的海水呈蓝色呢？

原来，海洋是个连绵不断的水体，它的水色主要由海洋水分子和悬浮颗粒对光的散射决定。但大洋中悬浮质较小，颗粒也很微小，因此水的颜色取决于海水分子的光学性质。简单地讲就是，五颜六色的海水形成的原因是海水对光线的吸收、反射和散射的缘故。

赤潮

人眼能看见的七种可见光，其波长是不同的，它们被海水吸收、反射和散射程度也不相同。其中波长较长的红光、橙光、黄光，穿透能力较强，最容易被水分子吸引，射入海水后，随海洋深度的增加逐渐被吸收了。一般来说，当水深超过100米，这三种波长的光，基本被海水吸收，还能提高海水的温度。而波长较短的蓝光、紫光和部分绿光穿透能力弱，遇到海水容易发生反射和散射，这样海水便呈现蓝色。

紫光波长最短，最容易被反射和散射，为什么海水不呈紫色？科学实验证明，人眼对可见光有一定偏见，对红光虽可见到，但是感受能力较弱，对紫光也只是勉强看到，由于人的眼睛对海水反射的紫色很不敏感，因此往往视而不见，相反地对蓝绿光都比较敏感。这样，少量的蓝绿光就会使海水中呈现湛蓝或碧绿的颜色。

可是也有的海看起来是红色的。赤潮又称红潮，是海洋因浮游生物的兴盛，海水呈现一片铁锈红色而得名。这种使海水变色的浮游生物，主要是繁殖力极强的海藻，其他的还有极微小的单细胞原生动物——各类鞭旋虫等。赤潮的海水都有臭味，因而也被渔民们俗称为“臭水”。它会使水体变黏稠，附着在鱼虾表皮和鳃上，导致鱼虾呼吸困难而死亡。许多赤潮生物还有较大毒性，因此它对海洋捕捞业、养殖业的危害极大。现在我们知道，这实际上是一种海水被污染的现象，而不是海水本来的颜色。

除了赤潮，还有黄海。黄海是因为古时黄河的水流入，江河带来大量泥沙，使海水中悬浮物质增多，海水透明度变小，故呈现黄色，黄海之名因此而得。黄海是我国华北的海防前哨，也是华北一带的海路要道。

世界上有红海、黄海、黑海，那么是不是还有白海。其实，白海是存在的，它就是北冰洋的边缘海，一年有200多天被皑皑的白雪与冰层覆盖，所以人们给它起了这么一个美丽纯洁的名字。

海水的盐度

不知道你尝没尝过海水，刚进嘴只是有点咸，可马上就又苦又涩，难受至极。可是海水为什么是咸的呢?

海水之所以咸，是因为海水是盐的“故乡”，在里面含有各种盐类，其中90%左右是氯化钠，也就是食盐。海水中另外还含有氯化镁、硫酸镁、碳酸镁及含钾、碘、钠、溴等各种元素的其他盐类。正是这些盐类使海水变得又苦又涩，难以入口。氯化镁是点豆腐用的卤水的主要成分，味道是苦的，因此，含盐类比重很大的海水喝起来就又咸又苦了。

那么这些盐类究竟从哪里来的呢?

有的科学家认为，地球在漫长的地质时期，刚开始形成的地表水（包括海水）都是淡水。后来由于水流侵蚀了地表岩石，使岩石的盐分不断地溶于水中。这些水流再汇成大河流入海中，随着水分的不断蒸发，盐分逐渐沉积，时间长了，盐类就越积越多，于是海水就变成咸的了。如果按照这种推理，那么随着时间的流逝，海水将会越来越咸。

有的科学家则另有看法。他们认为，海水一开始就是咸的，是先天就形成的。根据他们测试研究发现，海水并没有越来越咸，海水中盐分并没有增加，只是在地球各个地质的历史时期，海水中含盐分的比例不同。

目前世界上只有中国、印度和少数气候条件特别适宜的国家大规模海水晒盐。

还有一些科学家认为，海水所以是咸的，不仅有先天的原因，也有后来的因素。海水中的盐分不仅有大陆上的盐类不断流入到海水中去，而且在大洋底部随着海底火山喷发，海底岩浆溢出，也会使海水盐分不断增加。海水经过不断蒸发，盐的浓度就越来越高，而海洋的形成经过了几十万年，海水

海盐

中含有这么多的盐也就不奇怪了。这种说法得到了大多数学者的赞同。

虽然海水中都含有盐，然而世界的个别海域盐度差别很大。地中海东部海域盐度达到39.58‰，西部受到大西洋影响，盐度下降，只有37‰。红海海水盐度达到40‰局部地区高达42.8‰。世界上海水盐度最高的是死海。死海表面的盐度为227‰～275‰。深40米处，海水盐度达到281‰。

影响海水盐度变化的因素主要与海水的蒸发、降雨、海流和海水混合这4个方面有关。近岸海水的盐度主要受陆地河流向海洋输入淡水影响，所以盐度的变化范围较大。此外，在地球的高纬度地区，冰层的结冰和融化对这些海区海水的盐度影响也很大。

死 海

公元70年，罗马大军统帅狄杜攻克耶路撒冷，他下令把俘虏投入海中淹死。可是奇迹发生了，戴着脚镣手铐的俘虏在水里根本不往下沉。罗马士兵一遍又一遍地把他们投入大海里，可海浪一次又一次地把他们送回岸边……这个神奇的海域就叫死海。

死海位于约旦和巴勒斯坦之间，长约80千米，最宽处为18千米，湖水表面面约1 020平方千米，最深处400米。湖东的利桑半岛将该湖划分为两个大小深浅不同的湖盆，北面的面积占3/4，深400米，南面平均深度不到3米。水面低于海平面392米，是世界陆地最低点，也是世界上盐度最高的天然水体之一。尽管名字很吓人，实际上一点都不可怕。死海虽然是以海的名

死海中渗出的“盐柱”

字命名的，但并不是海，它只是一个咸水湖而已。

关于死海的成因是由于流入死海的河水不断蒸发，矿物质大量沉积的自然条件造成的。人们之所以称它为死海大概有两个原因，一是找不到任何可以流出去的口；二是水生植物和鱼类等生物无法生存。在水中只有细菌，没有其他动植物，岸边也没有花革，所以人们称之为死海。不过，美国和以色列的科学家们发现，就在这种最咸的水中，死海湖底的沉积物中居然仍有11种细菌和一种海藻生存。

另外，由于气候条件的影响，这里的湖水含盐量极高，游泳者很容易浮起来。一般海水含盐量为35‰，死海的含盐量达230‰～250‰。在表层水中，每升的盐分就达227～275克。所以说，死海是一个大盐库。据估计，死海的总含盐量约有130亿吨。在死海洗浴，人可以轻而易举地漂浮在水面上，因此，在死海上洗浴、游泳的感受非同一般。死海洗浴不仅感受独特，它对人体还有保健和治疗的功效。死海浮睡可以减轻精神压力，增进人的睡眠质量。

可是，死海的前景并不容乐观。有报道称，死海在近50年的时间里，失去了30%的海水，如果这样下去的话，在100年之内死海将不复存在。这些年来，死海附近自然资源过度开采，死海的南湖已经完全消失，现在只有北湖了。据此推测，在未来的某一天，我们看到的将是真正的无水之海。

海里的声音

水里是我们所不熟悉的另外一个世界，五彩缤纷、五颜六色的海底世界是摄像师用我们熟悉的光带给我们的感受。其实水下尤其是深水区往往是漆黑一片，生活在这里的生物练就了通过声音来辨别目标的能力，所以说水下是声音的世界。

近表层海水的温度、盐度变化剧烈，所以海洋中的最大声速一般在海平面下 100 米深处。从上方传来的声音不能穿越这个声速最大层，从下方传来的声音也不能穿透声速最大层向上传播，而向下折射。所以，这个声波不能穿透的区域叫作声阴影带。在这样的环境中，对各种海洋生物来说，海洋中的声音对它们有极其重要的意义。许多生物都是靠声音来传播信息、寻找猎

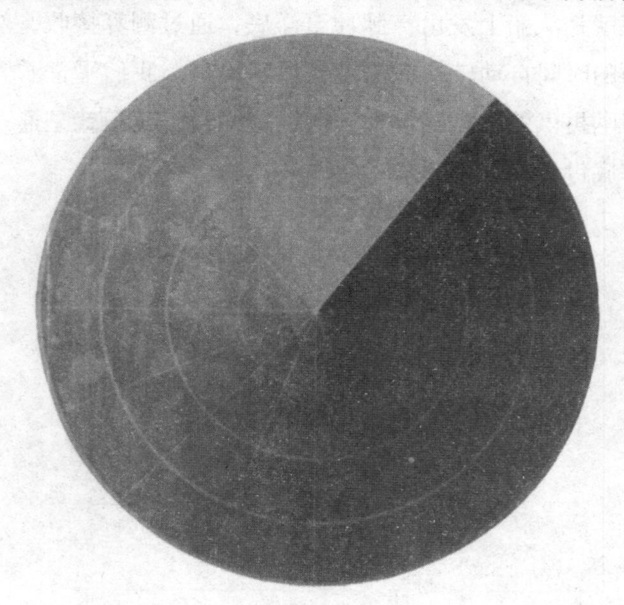

声呐显示装置

物和导航的。像鲸类动物，是靠声音来和伙伴交流，并利用声波来确定目标的大小、距离和方位。

水下生物利用声波的特点有点像空中飞行的蝙蝠，科学家就是根据这些特点来研制声呐的。在伸手不见五指的深海，它是人类探索海底未知世界的有力手段。

如果将一个声源放在大洋中最小声速处，即水深 1 000 米处，声波会汇集在这里，以最小的能量衰减，并且沿着这条声速带传播，这就是水中声道。实验证明，声音沿着水中声道传播可达几千千米甚至几万千米。海洋中的声速在 1 450 ~1 550 米/秒之间变化。由于海水的密度比空气大得多，海水是声波的良好介质。所以，海水中的声速比空气中的声速快得多。

现在军用和民用技术中应用非常广泛的声呐，便是根据声音在水下传播的原理设计的，被称为“水下的雷达”。不同的是，雷达波是电磁波，适合在空气中传播，而电磁波在水下会很快衰减，只有声音可以在水下传播，而且传得很远。由于水下我们无法用眼睛看到，因此对水下地貌的研究只有用先进的声呐来探测。回声探测仪，也就是今天已经广为使用的声呐。它测量海底深度的原理就是从船上发出声脉冲至洋底，通过测算接收，然后将接收到的回声所经历的时间自动转换为深度值显示出来。我们平常看到的海底结构图就是根据声呐提供的数据绘制的。可以这样说，我们就是通过它去了解人类所未知的海底世界。

海平面

生活中，尽管风、海底地震和潮汐总是引起海面涨落，但是人们还是认为海面是平坦的，仿佛是一面镜子平放在大地上。近年来，随着人造卫星测量技术的发展，人们发现风平浪静的海面实际上也是坑坑洼洼的。有些地区的海面是凸起的，有些地区的海面是凹陷的，两者之间最大的差距可达100多米。尽管如此，因为海平面凹凸的变化在1000千米以上的广泛范围内逐渐变化，所以不容易被航海者察觉罢了。

那么影响海平面不平的两个主要因素可以归结为：一是涨潮、落潮、风暴和气压高低等因素，使海面始终不能归于平静；二是海底地形的不同，也

海平面涨幅的一半都是由于海洋的热膨胀造成的，而另一半则是由于冰川融化造成的。

决定了海面的不平。此外，有时海面的高低还与附近的巨大的山脉或山脉所组成的物质的积聚有关。这种物质的积聚，可以使其表面引力弯曲，从而形成一种动力，驱使水离开一个地区而流向另一个地区，从而造成了海面高低不平的现象。

事实上，海平面的高度并不是一成不变的。海平面的上升和下降对人类的生活会产生巨大的影响。影响海平面升降的因素有很多。比如，温室效应使地球南极和北极的冰雪大量融化，就会引起海平面上升。在过去的 20 世纪中，人们竟然发现凹凸不平的海平面上升了 20 厘米，这是一个在过去千年中的最高速度。科学家估计，如果不采取有效措施，随着温室效应的增强，一部分冰山将会融化，2080 年海平面还要上升 41 厘米。此外，地质学家也曾经告诉我们，在地球漫长发展的历史中曾经有 7 次特大的冰期，每次冰期都会引起海平面的大幅度下降。

除了温室效应对海平面的影响以外，海底的扩张速度对它的影响同样不容忽视。

海洋是一个开放性的系统，它不停地与地球内部存在着水分循环和交流。由于现代地幔水陆续不断地渗入海中，从而导致海平面正在以每年 1 毫米的速度上涨，所以可以说海底的扩张速度是另一个影响海平面的重要原因。当海底板块扩张速度加快时，大洋中脊体积变大，结果使海水溢出正常的海岸线而侵入大陆内部，造成海平面上升。反之，当海底板块扩张速度变慢时，大洋中脊变冷收缩，海底下沉，这时候海平面自然就会下降了。

风暴潮

风暴潮指由强烈大气扰动，如热带气旋（台风、飓风）、温带气旋等引起的海面异常升高现象。沿海验潮站或河口水位站所记录的海面升降，通常为天文潮、风暴潮、（地震）海啸及其他长波振动引起海面变化的综合特征。一般验潮装置已经滤掉了数秒级的短周期海浪引起的海面波动。如果风暴潮恰好与天文高潮相叠（尤其是与天文大潮期间的高潮相叠），加之风暴潮往往夹杂狂风恶浪而至，逆江河洪水而上，常常会使其影响所及的滨海区域的潮水暴涨，甚者海潮冲毁海堤海塘，吞噬码头、工厂、城镇和村庄，使物资不得转移，人畜不得逃生，从而酿成巨大灾难。

有人称风暴潮为“风暴海啸”或“气象海啸”，在我国历史文献中又多称为“海溢”“海侵”“悔啸”，及“大海潮”等，把风暴潮灾害称为“潮灾”。风暴潮的空间范围一般由几十千米至上千千米，时间尺度或周期为 1 ~ 100 小时，介于地震海啸和低频天文潮波之间。但有时风暴潮影响区域随大气扰动因子的移动而移动，因而有时一次风暴潮过程可影响一两千千米的海岸区域，影响时间多达数天之久。

海上台风与大潮联合作用形成风暴潮

在世界上，有一个著名的与风暴潮抗争的国家——荷兰。“荷兰”在日耳曼语中叫尼德兰，意为“低地之国”，因其国土有一半以上低于或几乎水平于海平面而得名。它位于西欧，濒临北海，全境地势低洼，河流纵横，渠道交错，堤坝密布，全国面积近5万平方千米，其中有1/4位于海拔1米以下。荷兰的气候属海洋性温带阔叶林气候。由于地低土潮，荷兰人接受了法国高卢人发明的木鞋，并在几百年的历史中赋予其典型的荷兰特色。由于这一带潮差较大，极易发生风暴潮灾害，所以长期以来，荷兰人为了生存和发展，竭力保护原本不大的国土，避免在海水涨潮时遭受“灭顶之灾”，他们与海潮、水患进行了坚持不懈地斗争。

在这些与海的长期斗争中，围海造田是其中一项最有成效的措施，直到今天它仍然是人类向海洋空间发展的一项重要活动。荷兰首当其推是向海洋索取土地的著名国家。早在13世纪荷兰人民就筑堤坝拦海水，再以风车为动力挖泥和抽干围堰内的水，到今天风车仍然是这个低地国家的代表景观呢。几百年来，荷兰修筑的拦海堤坝长达1800千米，增加土地面积60多万公顷。如今荷兰国土的20%都是通过人工填海造出来的。

台风

人们对台风的命名始于20世纪初，起初人们用人名来为台风命名，直到1997年，世界气象组织会议决定，西北太平洋和南海的热带气旋采用具有亚洲风格的名字命名，并决定从2000年1月1日起开始使用新的命名方法。

它是发生在热带海洋的风暴，当它吹越海面时，可以掀起十多米高的巨浪；当它推进到岸边的时候，会叠起一片浪墙，汹涌上岸，席卷一切。这种风暴，在亚洲东部的中国和日本，被称作台风；在美洲，人们叫它飓风。

台风的老家在热带海洋，它形成的条件主要有两个：一是比较高的海洋温度；二是充沛的水汽。在温度高的海域内，正好碰上了大气里发生一些扰动，大量空气开始往上升，使地面气压降低，这时上升海域的外围空气就源源不绝地流入上升区，又因地球转动的关系，使流入的空气像车轮那样旋转起来。当上升空气膨胀变冷，其中的水汽冷却凝成水滴时，要放出热量，这

台风所到之处，席卷一切，给人类生命财产带来很大损失。

又助长了低层空气不断上升，使地面气压下降得更低，空气旋转得更加猛烈，这就形成了台风。

事实上，台风是没有风的风眼。由于台风是热带海洋上的大风暴，也就是说它是范围很大的一团旋转的空气。台风边转边走，四周的空气绕着它的中心旋转得很急。空气旋转得越急，流动速度越快，风速也越大。但是在台风中心大约直径为10千米的圆面积内（称为台风眼），因为外围的空气旋转得太厉害，外面的空气不易进到里面去，那里好像一根孤立的大管子一样。所以台风眼区的空气，几乎是不旋转的，因而也就没有风。

可是我们常常能够在海面上看到这样一种现象：海水被一阵掠过的旋风卷起，看上去像灰黑色的巨蛇从大海中蹿出……这实际上是水龙卷在海上形成的龙卷风，这大概就是种种有关海洋怪物的传说的由来。

台风经常给社会和人类带来较大灾害，常引起建筑物及设施的破坏和倒塌，并造成车辆的颠覆、失控、无法运行，船舶的流失、沉没，电线杆的折断、损坏，树木、农作物的倒伏和落果。台风带来的强降雨还会引发山洪暴发等。2005年8月，“卡特里娜’飓风袭击美国新奥尔良，造成1 036人遇难。

可是台风除了给登陆地区带来暴风雨等严重灾害外，也有一定的好处。据统计，包括我国在内的东南亚各国和美国，台风降雨量约占这些地区总降雨量的1/4以上，因此如果没有台风这些国家的农业困境不堪想象；此外台风对于调剂地球热量、维持热平衡更是功不可没。众所周知热带地区由于接收的太阳辐射热量最多，因此气候也最为炎热，而寒带地区正好相反。由于台风的活动，热带地区的热量被驱散到高纬度地区，从而使寒带地区的热量得到补偿，如果没有台风就会造成热带地区气候越来越炎热，而寒带地区越来越寒冷，自然地球上温带也就不复存在了，众多的植物和动物也会因难以适应而将出现灭绝，那将是一种非常可怕的情景。

海 雾

我国沿海每到春暖花开，由冷转暖的时候，经常会出现迷迷濛濛、毛毛细雨的天气，能见度显著降低，甚至相距几米也难见踪影，这就是人们熟知的海雾。

海雾是海面低层大气中一种水蒸气凝结的天气现象。因它能反射各种波长的光，故常呈乳白色。雾的形成要经过水汽的凝结和凝结成的水滴（或冰晶）在低空积聚这样两个不同的物理过程。在这两个过程中还要具备两个条件：一是在凝结时必须有一个凝聚核，如盐粒或尘埃等，否则水汽凝结是非常困难的；另一个是水滴（或冰晶）必须悬浮在近海面空气中，使水平能见度小于1 千米。

笼罩在海面上的薄雾虽缥缈美丽，但却是海上交通事故的隐患。

由于海雾产生的原因不同，因此可以把它分成4种类型：平流雾、冷却雾、冰面辐射雾、地形雾。而平流冷却雾最常见，我国海区出现的海雾，主要是这种平流雾。在世界众多著名海雾区出现的海雾，也大都是平流雾造成的。比如来自旧金山大桥西侧太平洋上的海雾乘西风经大桥进入南北向的旧金山海湾时，常常把大桥突然淹没。当雾区边缘经过大桥时，便会出现“断桥”的奇景，这就是所谓的“雾断金门”的美景。

海雾虽然很美，但它却是海洋上的危险天气之一。它对海上航行和沿岸活动有直接影响，它能使客船、商船、渔船和舰艇等偏航、触礁或搁浅。

为了应对这种情况，每当海面出现雾、雪、暴风雨或阴霾等天气，海上能见度小于2海里时，一般常用的灯光或其他目视信号将失去作用，常用声响进行导航。用于导航的发声设备很多，有雾笛、雾钟、雾哨、雾角等等。在我国的青岛使用的“雾牛”正是声响导航的一种。“雾牛”是20世纪初德国人修建的，实际上是一种电雾笛，其工作原理与我们常见的蒸汽火车头上的汽笛原理是一样的。

在海雾的历史上，曾经发生在达达尼尔海峡上的毒雾封锁至今让人记忆犹新。

1995年2月13日清晨，一股黄色带有刺鼻硫黄味的浓密大雾，笼罩在黑海、马尔马拉海和爱琴海一带，这一带正是欧亚大陆的交界地区，在马尔马拉海的东西两端连系着世界上两大著名海峡：博斯普鲁斯海峡和达达尼尔海峡。这场浓密毒雾的出现，使博斯普鲁斯海峡的北口能见度下降到近乎为零，土耳其不得不暂时关闭海峡，使这条十分繁忙的国际航道陷入瘫痪状态，造成海峡两端各有100多条船舶停泊待命。同时联结马尔马拉海和爱琴海的达达尼尔海峡的通道也被迫关闭，并造成有1 000万人口的伊斯坦布尔市的公路和空中交通相继中断，其影响是历史上少见的。

海　啸

海啸是发生在海洋里的一种可怕的灾难。当海底发生地震、火山爆发或水下塌陷和滑坡时，就会引起海水的巨大波动，产生海啸。海啸时，那高达几十米甚至上百米的海浪，不仅会掀翻海上的船舶，造成人员伤亡，还会破坏沿海陆地上的建筑。

海啸是一种灾难性的海浪，它是由火山爆发、海底地震、水下塌陷和海底发生滑坡等造成的巨浪。在通常情况下，它由震源在海底下 50 千米以内、里氏震级 6.5 以上的海底地震引起。地震发生时，海底地层发生断裂，部分地层出现猛然上升或者下沉，由此造成从海底到海面的整个水层发生剧烈“抖动”。这种‘抖动”不同于平常所见到的海浪，它是从海底到海面整个水体的波动，其中所含的能量惊人。在一次震动之后，震荡波在海面上以不断

海啸所引起的狂风巨浪，所到之处，无一幸免。

扩大的圆圈，传播到很远的距离，正像卵石掉进浅池里产生的波一样。海啸波长比海洋的最大深度还要大，轨道运动在海底附近也没受多大阻滞，不管海洋深度如何，波都可以传播过去。当它们与大陆猛烈碰撞时，能吞没海边的港口、城镇乡村和农田。海啸所引起的浪高达数十米，像一堵水墙，冲上陆地，所向披靡，造成生命和财物的重大损失。

如此可怕的海啸实际上是一种具有强大破坏力的海浪，可分为四种类型，即由气象变化引起的风暴潮、火山爆发引起的火山海啸、海底滑坡引起的滑坡海啸和海底地震引起的地震海啸。从受灾现场讲，海啸又可分为遥海啸和本地海啸。

首先，有一种海啸能横越大洋或从很远处传播而来，在没有岛屿群或其他障碍阻挡的情况下，能传播数千千米并且只衰减很少的能量，使数千千米之遥的地方也遭到海啸灾害，这称为遥海啸。1960 年智利发生海啸也曾使数千千米之外的夏威夷、日本遭受严重灾害。

其次为本地海啸。本地海啸从地震或海啸发生源地到受灾的滨海地区相距较近，所以海啸波抵达海岸的时间也较短，有时只有几分钟，多则几十分钟。在这种情况下具有突发性的特点，危害也相当严重。通常，本地海啸发生前，往往有较强的震感或震灾发生。

海 冰

1912年4月发生的"泰坦尼克"号客轮撞击冰山后沉没，遭到灭顶之灾，它是20世纪海冰造成的最大灾难之一；我国1969年渤海特大冰封期间，流冰摧毁了由15根2.2厘米厚锰钢板制作的直径为0.85米、长41米、打入海底28米深的空心圆筒桩柱全钢结构的"海二井"石油平台，另一个重500吨的"海一井"平台支座拉筋全部被海冰割断……由此可见，海冰的破坏力对船舶、海洋工程建筑物带来的灾害是多么严重。

有"白色灾害"之称的海冰，不可避免地成为海洋五种主要灾害之一（其他为风暴潮、灾害海浪、赤潮和海啸）。它是直接由海水冻结而成的咸水冰，亦包括进入海洋中的大陆冰川（冰山和冰岛）、河冰及湖冰。咸水冰是固体冰和卤水（包括一些盐类结晶体）等组成的混合物，其盐度比海水低2‰～

冰山只有1/7露出海面，其余仍在水下。

10‰，物理性质（如密度、比热、溶解度、蒸发潜热、热传导性及膨胀性）不同于淡水冰。它对海洋水文要素的垂直分布、海水运动、海洋热状况及大洋底层水的形成有重要影响；对航运、建港也构成一定威胁。

在这里特别要提出的是冰山。它是由冰川组成，冰川，又是由雪花堆积成的冰川冰组成的。当冰川的冰体受到海水浮力的顶拖断裂后，就形成了冰山。在极地航海家眼里，冰山是最危险的“敌人”，轮船遇到它有时会被迫停驶，一不小心就会发生碰撞事故。

按海冰的形成和发展阶段可以分为：初生冰、尼罗冰、饼冰、初期冰、一年冰和多年冰；按运动状态分为固定冰和漂浮冰。前者与海岸、岛屿或海底冻结在一起，多分布于沿岸或岛屿附近，其宽度可从海岸向外延伸数米至数百千米；后者自由漂浮于海面，随风、浪、海流而漂泊。而漂浮冰又分成两种：海冰和陆冰。海冰由海水冻结而成，陆冰是大陆上的冰破裂后流入海中。海冰的体积不大，而陆冰大得像山，所以称为冰山。

海冰在大自然中扮演了一个相当重要的角色，海冰数量变化，往往会直接影响到地球的气候。假如高纬度地区海洋里漂浮的冰减少了，低纬度的暖流便会北上，或是南下，使得原来的雨区变得干旱起来。海冰还有保持海水温度的功能，有人把海冰比作是“海洋的皮袄”，使海水减少蒸发量，保持海水温度。海冰可以促使海水上下对流，对海洋生物繁殖十分有利，这就是为什么地球两极有那么丰富的浮游生物的环境原因之一。海冰能阻挡潮汐使潮高降低，潮流减慢，把波浪压低，把海流“拖住”。总而言之，海冰是自然环境中不可缺少的组成部分。

“厄尔尼诺”现象

近年来，各类媒体越来越关注这样一个气候学名词：厄尔尼诺。众多气候现象与灾难都被归结到厄尔尼诺的肆虐上，例如印尼的森林大火、巴西的暴雨、北美的洪水及暴雪、非洲的干旱等等，它几乎成了灾难的代名词。可是厄尔尼诺究竟是什么呢?

简单地讲：厄尔尼诺是热带大气和海洋相互作用的产物，它原是指赤道海面的一种异常增温。现在其定义为在全球范围内，海气相互作用下造成的气候异常。由于这种现象经常发生在年末圣诞节前后，所以当地人成为“圣

厄尔尼诺引来的洪水淹没了城市

婴”（厄尔尼诺）。厄尔尼诺发生时，由于水温高、浮游生物减少，鱼得不到食物而大量死亡，所以以鱼为食的海鸟也将死亡或迁徙。

厄尔尼诺现象又称厄尔尼诺海流，是太平洋赤道带大范围内海洋和大气相互作用后失去平衡而产生的一种气候现象。它的基本特征是太平洋沿岸的海面水温异常升高，海水水位上涨，并形成一股暖流向南流动。它使原属冷水域的太平洋东部水域变成暖水域，结果引起海啸和暴风骤雨，造成一些地区干旱，另一些地区又降雨过多的异常气候现象。正常情况下，热带太平洋区域的季风洋流是从美洲走向亚洲，使太平洋表面保持温暖，给印尼周围带来热带降雨。但这种模式每过几年便会被打乱一次，使风向和洋流发生逆转，太平洋表层的热流就转而向东走向美洲，随之便带走了热带降雨，出现所谓的“厄尔尼诺现象”。

厄尔尼诺现象总是呈周期性出现的，每隔 2～7 年出现一次。自 1976 年的 20 年来厄尔尼诺现象分别在 1976～1977 年、1982～1983 年、1986～1987 年、1991～1993 年和 1994～1995 年出现过 5 次。1982～1983 年间出现的厄尔尼诺现象是 20 世纪以来最严重的一次，在全世界造成了大约 1 500 人死亡和 80 亿美元的财产损失。进入 20 世纪 90 年代以后，随着全球变暖，厄尔尼诺现象出现得也越来越频繁。

厄尔尼诺现象所造成的危害后果非常严重。它曾使南部非洲、印尼和澳大利亚遭受过空前未有的旱灾，同时带给秘鲁、厄瓜多尔和美国加州的则是暴雨、洪水和泥石流。有一次厄尔尼诺效应曾造成500 余人丧生和 80 亿美元的物质损失。由于厄尔尼诺现象给全球带来巨大的灾难，这种现象已成为当今气象和海洋界研究的重要课题。

四、海洋生物

海洋生命的秘密

生命的起源一直是科学家们研究的课题，从现在的研究成果看，普遍认为生命起源于海洋。在讨论生命起源之前，首先要知道什么是生命。简单通俗地说，生命存在的物质基础是蛋白质和核酸，表现生命现象的基本结构和功能的单位则是细胞。按照这个解释，生命的起源过程，首先要研究蛋白质和核酸是怎样产生的，而这一问题与地球最初形成的具体条件有着十分密切的关系。

在原始海洋形成的过程中，它为原始生命的诞生创造了条件。原始海洋不仅阻止了强烈紫外线对原始生命的破坏、杀伤作用，也为原始生命的存在

原始海洋中的生命

和发展提供了极有利的环境。因此，人们说“海洋是生命的摇篮”是有科学道理的。

一般认为，生命的产生过程大体分为三个阶段：第一阶段是化学演化阶段，主要由简单的有机单分子和有机大分子组成。此时，氨基酸、核苷酸等化合物，在原始的海洋中聚合，逐渐形成较为复杂的有机物。第二阶段为从化学演化到生物演化的过程，在这一过程中，要完成由多个有机大分子聚集成的蛋白质和核酸为基础的多分子的体系，使生命进化达到一个新阶段——完成生物学意义上的生命演化。所以说真正意义的生命，是在原始海洋中实现的。

大约在45亿年前，在火山活动、雷电、太阳紫外线以及高温高压的作用下，海洋里的甲烷、氨气、氢气等无机物被聚合成多种氨基酸（氨基酸是组成蛋白质的最重要的物质)，而这多种氨基酸，在常温常压下，可能在局部浓缩，再进一步成蛋白质。蛋白质和其他的多糖类，以及高分子脂类，在一定的条件下就有可能孕育成生命。在1953年的时候，美国的科学家米勒通过实验证实了这个论证。米勒把氨气、氢气、水、一氧化碳放在一个密封的瓶子里面，在瓶子里面两头插上金属棒，通上电源，通过这个类似于闪电的作用，确实在几天之后产生了大量的氨基酸。另外，从化石研究中，也能找到证据。蓝藻出现在古海洋中。可以追溯到30亿年之前。它是一种没有根、茎、叶之分的低等植物。由单细胞或多个细胞连成的丝状体。经过亿万年的演化，现在蓝藻形态与其祖先差不多。

综上所述，海洋是一切生命的摇篮。因为和陆地相比，海洋的变化很小，它没有干旱，温度变化也不大，风雨影响也小，所以原始生命在海洋里更容易生存。

但是随着科学技术的发展，也有人认为生命来自地球之外，是彗星的功劳。因为在彗星里含有大量的有机分子，不仅含有固态的水，还有氨基酸、乙醇、嘌呤、嘧啶等有机化合物，生命有可能在彗星上产生而带到地球上，或者在彗星和陨石撞击地球时，由这些有机分子经过一系列的合成而产生新的生命。只不过这一说法还没有得到确实的论证。

不同环境下的海洋生物

有人曾经做过统计，地球上的生物共有50万种以上，而在海洋中就占了接近一半。在浩瀚的海洋中，那些生活在这里的海洋生物将会怎样生存下去呢?

由于海洋环境要比陆地上复杂得多，因此，一般的海洋生物要比陆地生物的繁殖能力强。它们的求偶方式、繁殖、生殖方式，也都非常巧妙。即使是这样，在众多的海洋生物群落中，也只有少数强壮的在适应了其生存环境之后才存活下来。这是因为，在海洋里，由于光线、压力、盐度、海流、潮汐、波浪、营养盐以及地质等条件的不同，形成了千差万别的生存环境。在各种环境中，不管是什么样的生物，只要它活下来，即它对周围环境就已经产生了惊人的适应能力。当然，这种适应能力不是无限的，当环境由于外来因素发生突然变化时，超过其生物的生理允许限度，这些生物如果不逃亡，便只有死亡。

从另一个方面看，在众多的海洋生物群体之间，也有一个相互间适应的生存需要。这种互为依存的生存需要，是在食物链关系下生存的。这种关系经历了漫长的演变和进化过程，形成了相对稳定的结构，保护着生态平衡状态。在不同的海洋环境中，有着完全不同类型的生态系。例如，在潮间带有各种生物组成的潮间带生态系统。这一个个生态系在它们适应了自身的生活环境之后组织起来，这就是整个海洋的生态系。

在海洋中，海水的性质决定了海洋生物的丰富和特点，而它在海洋中的每个角落是不一样的。阳光在开阔的海洋中辐射入海水的深度大于数百米，而在混浊的沿岸水域中，辐射深度只有数十米，所以在光层下面一直到数千米的海底则是漆黑的一片。

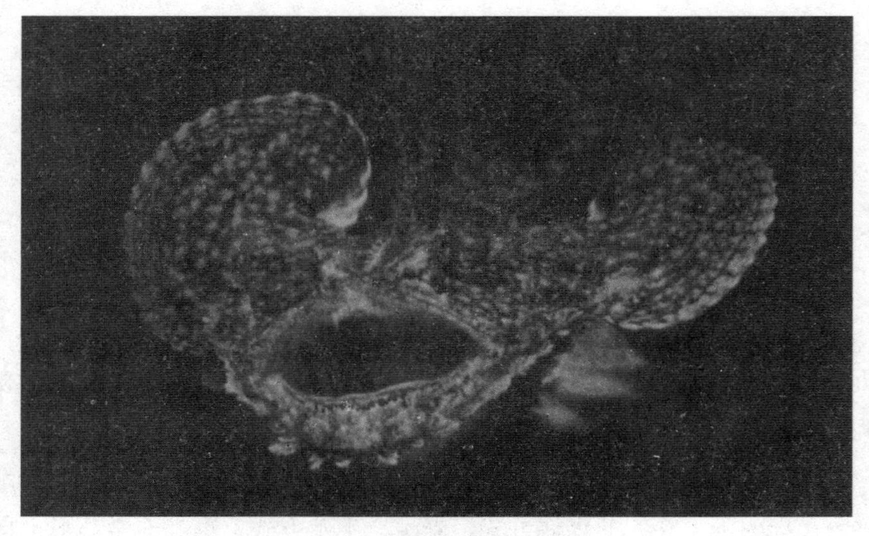

生活在海洋深处的灯笼鱼

此外，生物的形态、习性和颜色随深度而变化是很明显的，所以每一水层中的生物有共同的特性。在表层十几厘米的水层里，有食肉的蓝色甲壳纲动物、软体动物和管水母。往下是弱光层，颜色发红和发黑的动物取代了透明的无脊椎动物。再往下，是漆黑的深海区，它的光线来自底栖鱼类如鱿鱼、灯笼鱼的发光器官。生活在海底上的生物也是随深度变化而变化，从大陆架到大陆坡直到深海底。在泥质海底上以掘穴动物为主，而在深海软泥海底则以鱼、甲壳纲动物和海参为主。对于那些从海水中吸吮悬浮物质为生的鱼类来说，其数量与深度成反比；而对于那些从海底沉积物中觅食为生的鱼来说，则能生活在很深的海底。

有人做过统计，地球上的生物有 50 万种以上，可分为动物、植物和微生物三大类。海洋中有 18 万多种动物，2 万多种植物，总共 20 多万种。有趣的是：陆地上植物类比动物种类多，而海洋中则相反，动物的种类比植物种类多。

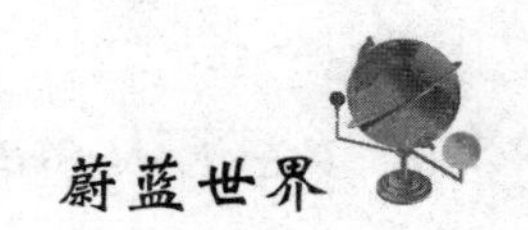

海洋食物链

对于海洋生物，无论是种群类，还是它们各自种群的数量，都是非常之大的。到目前为止，谁也无法用确切的数字，阐明海洋有多少个体的生物。不难看出，海洋生物之间关系是何等复杂。那么，有没有什么方法来表达生物种群的关系呢？

非常有趣的是，在海洋中，各种生物种群的食物关系，呈食物金字塔的形式。先是植物、细菌或有机物，然后是食植性动物至各级食肉性动物，这样依次形成摄食者的营养关系，这种关系被称为海洋食物链。有时候它也被称作“营养链”。由于在海洋生物群落中存在着从低级到高级的层级关系，而且物质和能量能够在各个环节进行转换与流动，所以在海洋生态系统中的物质循环和能量流动总是在不断地发生着。

这种金字塔式的食物链底座很大，每上一级都缩小很多：第一级是由数量惊人的海洋浮游植物构成的，是食物链金字塔的最基础部分，通过光合作用生产出碳水化合物和氧气，是海洋生物生长的物质基础；食物链的第二级是海洋浮游动物，它们以海洋浮游植物为食；第三是摄食浮游动物的海洋动物；第四级则是海洋中的食肉类动物。比如金枪鱼、鲨鱼等，它们处在金字塔的最高层，不过它们的数量也是最少的。这个过程，就是我们时常说的“大鱼吃小鱼，小鱼吃虾米，虾米吃泥土（浮游生物）”的形象概括。

在海洋中生活着数10万种动物，在这些动物中，除虎鲸和鲨鱼等凶猛的食肉动物之外，绝大多数的鱼类都是“和平共处”，相安无事，因此，海洋动物实际上是地球上种类和数量最多的动物。说起来令人难以置信，地球上最大的动物——鲸类（须鲸），是以海洋中几乎是最小的动物——小鱼和磷虾为食。这看上去似乎有些不合情理，但是，细细研究一下它们之间的特殊关系，又感到这是情理之中的事。在海洋中，磷虾不仅数量巨大，而且聚集在一起密度也很高。它们似乎是按照某种“指令”，聚集成一团又一团，专等须鲸来食用。否则的话，身躯庞大的须鲸，整日在茫茫海洋中，疲于奔命，寻找捕获食物，无论如何是无法填饱肚子的。同样，磷虾以其顽强的生命，特有的繁殖力，建立起最为庞大的密集群体，源源不断为须鲸提供食物。这一切，似乎是经过上帝精心设计安排好的。亿万年来，这种奇特的金字塔式的生物种群间的关系，维系海洋生物种群间的生命存在方式。

与陆地上食物链相比，海洋中各种生物建立起的食物链是非常有效的。海洋食物链在通常情况下，比陆地食物链具有更多环节。实际上，无论是陆地，还是海洋里，生物之间的食物链并非是那么单纯，而是极为复杂的，正是出于这一点，生物学家赞成使用海洋食物网概念。

鲨鱼是仅次于虎鲸的海洋二号霸主，它对整个海洋食物链的平衡有着调整作用。

低等海洋生物

古老而原始的生命在经历前后近 20 亿年的进化之后，到距今约 19 亿年前开始出现第一次繁荣，其标志是细菌与蓝藻的大发展，并且出现了真核生物。真核生物的出现标志着生命细胞结构的完善，现代生命都是从 19 亿年前真核生物出现的原点上辐射进化而来的。

最初我们要从原核生物说起。距今约 32 亿年前，在原始海洋里，已经出现了细菌和简单藻类的单细胞生物。如至今还广泛生活的蓝藻，仍然保留着当初那种原核生物状态。蓝藻的细胞里含有叶绿素，能够进行光合作用，合成蛋白质，放出氧气。

藻类进行光合作用，放出大量氧气，地面上形成臭氧层，减弱了日光中紫外线对生物的威胁，使水生生物有可能发展到陆地上来，也为低等动物的兴起提供了食物。一部分原始有鞭毛生物，后来逐渐失去光合作用的能力，增强了运动和摄食的本领，于是就产生了最早的原生动物，像现今还保留着 10 多亿年前原始状态的变形虫等。有孔虫也是一类古老的原生动物，5 亿多年前就产生在海洋中，至今种类繁多。由于有孔虫能够分泌钙质或硅质，形成外壳，而且壳上有一个大孔或多个细孔，以便伸出伪足，因此得名有孔虫。有孔虫是海洋食物链的一个环节，它的主要食物为硅藻以及菌类、甲壳类幼虫等，个别有孔虫的食物是砂粒。此外，有孔虫是浮游生物中重要的组成部分，也是大多数海洋生物重要的食物来源。

有的有鞭毛的单细胞生物，如裸藻，能利用鞭毛不停地转动在水中运动，还有个能感光的眼点，因此人们叫它眼虫，说它是动物。但是它又有叶绿素，能利用阳光进行光合作用，为自己制造食物，又是毫不含糊的植物。这种既像动物又像植物具有双重性的现象，充分证明了动植物的共同祖先，就是如

寒武纪的“生命大爆炸”时期，现代生物的许多雏形都“爆炸”似的出现了。

同眼虫之类的远古时代的原始单细胞生物。

后来，到距今13亿~18亿年前这一段时间里，出现了有细胞核的真核生物——绿藻等。以后接着又有了红藻、褐藻、金藻……它们组成了绚丽多彩的藻类世界。

最终，由于细胞结构的不断分化，导致了营养方式上的一分为二：一支发展自己具有制造养料的器官（如叶绿体），朝着完全“自养”方向发展，成了植物；另一支则增强运动和摄食本领以及发达的消化机能，朝着“异养”方向发展，成了动物。

无脊椎动物

最早在海洋里出现的动物是无脊椎动物。1.3 亿 ~5 亿年前，地球上浅海广布，水生动物大发展，成为无脊椎动物的全盛时期。这些水生动物的最大特点，是细胞有了分工从而形成了各种器官。这时的海洋世界热闹非凡。它们最初生活在海洋里，以后又向陆地上的江河湖泊和沼泽过渡，最终发育出气管、肺、翅膀等适应陆上呼吸和飞行的器官，终于登陆上岸繁衍生息，这就为后来陆生脊椎动物的出现开辟了道路。

首先，海绵是最简单的无脊椎动物，由一群无差别的细胞组成。海绵的体壁有内、外两层，海水从它们的身体里通过时，其中的微生物和氧气就被吸收了。大多数海绵具有骨架，有些海绵的骨架由硅构成，且比光缆构造更加完美，可以说是大自然首先“发明”了光缆。

其次，蠕虫也是一大类十分低等的海洋无脊椎动物。它们的身体长而柔软，全身上下没有骨骼。在海洋生物的演化过程中，蠕虫是比较原始的种类。不过它们比更原始的多细胞动物已经有了划时代的进步。那就是，蠕虫的身体已经有了前端和后部的区分。从海洋到陆地，从咸水到淡水到处都有蠕虫的分布。它们的数量不但多，而且还会发光。当年哥伦布第一次接近北美海岸的时候，曾经记录下“海中游动的烛光”。其实，哥伦布看到的是多毛类蠕虫的交配仪式。这种小型蠕虫每年盛夏之夜月圆的时候，会连续几夜游到海面上，像参加集体婚礼一样，举行繁殖的典礼。

三叶虫也是具有代表性的一种无脊椎动物。它是一种已经灭绝了的节肢动物，全身分为头、胸、尾三部分，背甲坚硬，被两条纵向深沟割裂成大致相等的 3 片，所以叫作三叶虫。它们生活在远古海洋中，主要出现在寒武纪，延续到二叠纪末期时灭绝。三叶虫既会游泳，又善于爬行，所以从海底到海

三叶虫复原图

面，都在它的势力范围之内。

最后，值得一提的是菊石。它是一种已经灭绝了的软体动物，它们最早出现在古生代泥盆纪初期，繁盛于中生代，广泛分布于世界各地的三叠纪海洋中。

菊石是由鹦鹉螺（现在仍然存活在深海中）演化而来的，与鹦鹉螺的形状相似，体外有一个硬壳，主要成分为碳酸钙，大小差别很大，壳为几厘米或者十几厘米，最小的仅有 1 厘米，最大的比农村的大磨盘还要大。壳的形状也是多种多样，有三角形的、锥形的和旋转形的，等等。旋转形的壳在菊石中占绝大多数。

水 母

在海洋里有这样一种非常漂亮的水生动物。它们虽然没有脊椎，但身体却非常庞大；它们没有固定的形状，有些像一把撑开的雨伞，有些像一枚银币；它们常常成群出没，闪耀着微弱的淡绿色或蓝紫色光芒，有的还带有彩虹般的光晕……它们紧密地生活在一起，像一个整体似的漂浮在蔚蓝的海面上，而它就是水母。

水母身体的主要成分是水，并由内外两胚层所组成，两层间有一个很厚的中胶层，不但透明，而且有漂浮作用。它们在运动之时，利用体内喷水反射前进，远远望去，就好像一顶圆伞在水中迅速漂游。伞状体直径有大有小，大水母的伞状体直径可达 2 米。当水母在海上成群出没的时候，紧密地生活在一起像一个整体似的漂浮在海面上，显得十分壮观。

许多水母都能发光。它们细长的触手向四周伸展开来，跟着海水一起漂动，色彩和游泳姿态美丽极了。水母的伞状体内有一种特别的腺，可以发出一氧化碳，使伞状体膨胀。而当水母遇到敌害或者在遇到大风暴的时候，就会自动将气放掉，沉入海底。海面平静后，它只需几分钟就可以生产出气体让自己膨胀并漂浮起来。栉水母在海中游动时，8 条子午管可以发射出蓝色的光，发光时栉水母就变成了一个光彩夺目的彩球。水母发光靠的是一种叫埃奎明的奇妙的蛋白质，这种蛋白质和钙离子相混合的时候，就会发出强蓝光束。目前新加坡的生物学家正在进行一种实验，把水母身上的发光基因移植到其他鱼类的体内。

别看水母在水里非常美丽、自在，可是没有水它就无法生存。水母身体含水量达98%，它进食、消化、排泄都必须在水中才能完成。没有水，水母的身体就会变小且变得很难看，因此，可以说水母是“水做的动物”。

水母

水母虽然长相美丽温顺，其实却十分凶猛。在伞状体的下面，那些细长的触手是它的消化器官，也是它的武器。它的触手上布满刺细胞，像粘在触手上的一颗颗小豆。这种刺细胞能射出有毒的丝，当遇到“敌人”或猎物时，就会射出毒丝，把“敌人”吓跑或将其毒死。

几年前，美国《世界野生生物》杂志综合各国学者的意见，列举了全球最毒的10种动物，名列榜首的是生活在海洋中的箱水母。箱水母又叫海黄蜂，主要生活在澳大利亚东北沿海水域。一个成年的箱水母，触须上有几十亿个毒囊和毒针，足够用来杀死20个人。

就像犀牛和为它清理寄生虫的小鸟共存一样，水母也有自己的共生伙伴。那是一种小牧鱼，体长不过7厘米，可以随意游弋在水母的触须之间，吞掉栖身在水母身上的小生物。

软体动物

海洋中的软体动物，俗称海贝。海贝不仅种类繁多，而且分布极广，寒、温、热三个海域，上、中、下三层水深，都有它们的踪迹。尽管海贝的形状各不相同，色彩各异，生活习惯不一，但总的来说，它们的共性是身体柔软不分节，由头、足、内脏、外套膜和贝壳五部分组成。

海螺、扇贝、牡蛎、珍珠贝等等，这些生活在海中的贝类，都长着色彩纷呈、形状各异的壳，看上去非常坚硬，事实上，它们都属于软体动物。它们柔软的身体表面有一层外套膜，能产生富含钙质的液体，贝类的外壳就是这样形成的。由于绝大部分海贝都不会游泳，所以它们便经常会攀附在海边的岩石、珊瑚礁上，或是将身体埋进沙中栖息。还有很多贝类贴在海龟、海蟹的壳上，或是贴在海船壁上，随着它们四处漂泊。

五彩缤纷、千姿百态的海贝世界是那么的令人向往。例如，形如扇面的扇贝；素有“贝王”之称的砗磲贝；世上稀有之宝玛瑙贝；洁白如玉兰的白玉贝；雪白似银的日月贝；还有珍珠母贝和珠耳贝、贻贝、沙蛤、花蛤、西施舌、蚶、蛎、米螺、角螺、伞螺等等，不下十余万种。光听这些别致的名字，你就知道它们有多么漂亮。

这其中的扇贝是海中唯一会“游泳”的贝类。遇到敌人时，它会迅速从壳中喷出一股强劲水流，借助水流的反作用力，扇贝能在瞬间逃离危险。过去常常传说有潜水者被巨砗磲蛤捉住的故事，这真是天大的冤枉。尽管巨砗磲蛤强而有力的肌肉将双壳完全合住时，几乎没有人可以将它分开，但是因为它的边缘总是覆盖了厚厚的一层藻类，所以根本无法完全闭合。而且它关闭时的速度非常慢，即使不小心把脚放了进去，也完全来得及从容抽出。此外，还有一种海贝以气体为食，它是生活在墨西哥湾中的贻贝。在贻贝栖息

的海底，有大量的油性沉积物，甲烷从这里冒出来。贻贝体内的一种细菌能将甲烷变成能量，贻贝就以此为生，它也因此而被叫作“甲烷贻贝”。

除了海贝以外，还有一种名为海兔的软体动物。海兔是一种与陆地上的兔子相去甚远的海洋软体动物，它们的色彩十分艳丽，身体柔软，软体部分肥厚而扁平。它们能分泌出一种剧毒的化学物质，危急时刻释放出这种带酸味的乳状液体，麻痹天敌的神经系统。当海兔遇见天敌时，还会释放出紫红色的烟幕，迷惑对手，让自己安全逃逸。

现在，你该知道海洋里的软体动物是多么的丰富多彩了吧！

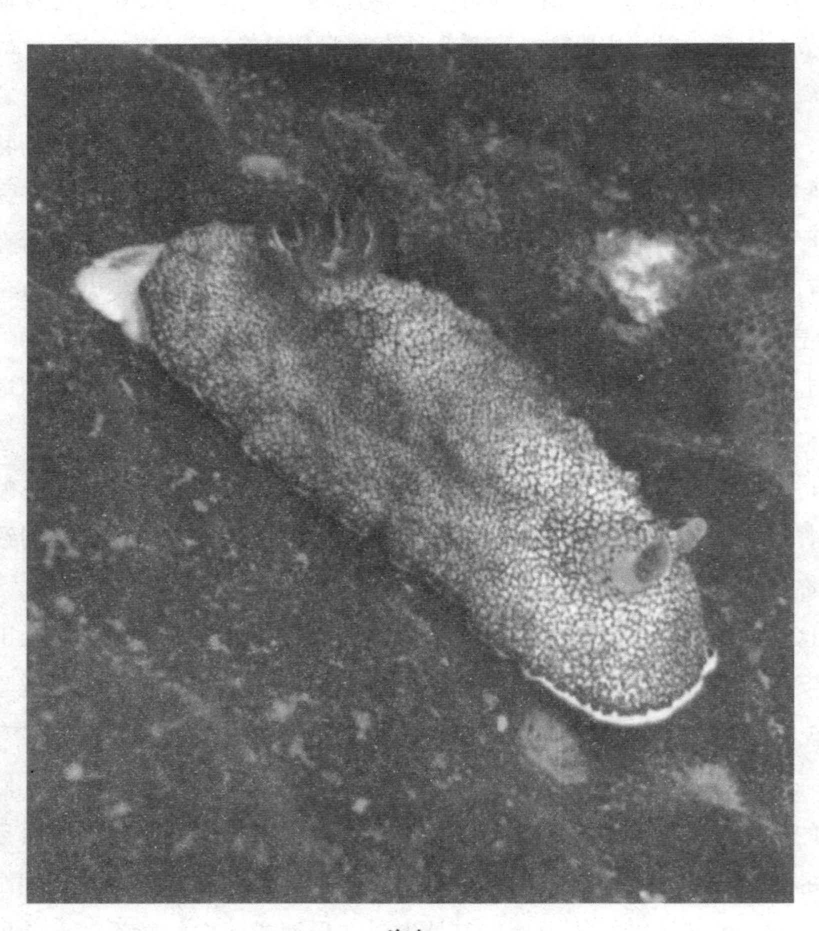

海兔

头足类动物

在无脊椎动物里，体型最大的、游得最快的和头最大的都是头足类动物。远古头足类动物的壳是凸出的，现在缩小了很多。这种海洋动物的共同特点，是由一根管子（体管）连在一起的多室外壳，并且都生活在海洋中。除此以外，头足类动物可用身体和腕的移动，以及身体颜色的变化来互相沟通。它们的皮肤下有很多色素细胞，而色素的分量及分布则由满布于四周的肌肉细胞所控制，使头足动物身体的颜色可以在数秒间变化。

鹦鹉螺是现存最古老、最低等的头足类动物，头足类动物在古生代志留纪地层中的种类特别繁多，达 3 500 余种，它们都有着不同形状的贝壳，但绝大多数种类都已经灭绝了，生存至今的只有鹦鹉螺、大脐鹦鹉螺和阔脐鹦鹉螺 3 种，所以人们称之为“活化石”。

章鱼也是头足类动物。它生活在海底或者藏在岩石的缝隙里，通过 8 只条腕（触角）爬行或者游泳，也可以借助于身体前方的漏斗喷水时的推动力在海底任意行动。此外，章鱼还是一种很聪明的动物。它能在为它专门设置的曲折迷宫里，迅速摸清路径，找到藏着的食物。有人做过试验，把大龙虾放在玻璃瓶中，瓶口用软木塞紧紧塞住。章鱼几经试探，就用触手拔出软木塞，享受新鲜的大龙虾肉。

乌贼又叫墨鱼，是生活在远洋深海里的头足类动物。它的头部有一个漏斗，不仅是生殖、排泄和墨汁的出口，还是重要的运动器官。当它紧缩身体时，口袋状身体里的水就能从漏斗中急速喷出，借助反作用力迅速前进。由于漏斗平时总是指向前方，所以乌贼后退就是前进。除了这些，它还有一套释放烟幕的绝技。乌贼的体内有一个墨囊，其中的墨腺能够分泌墨汁。遇到危险，墨囊收缩，放出墨汁是它欺骗敌人，自己趁机溜之大吉的法宝。还有

章鱼

一些乌贼是动物里最会变色的，通过变色来伪装自己，或者吸引配偶，或者吓退竞争者。

鱿鱼与乌贼是亲戚。它的头部两侧有一对发达的眼睛，颈部很短，体内的两片腮是它的呼吸器官。鱿鱼是海洋里的顶级游泳健将，流线型的身体，一侧长有鳍，它通过拍打鳍可以向头部或者尾部的方向移动，还会喷出水来帮助自己更快速地移动。大多数鱿鱼生活在远海，有一些住在深海里。大王乌贼是最大的鱿鱼，体长可达21米，甚至更大。它的嘴部能够抓紧钢缆，加上强而有力的触须，很多海洋生物都难逃它的“魔掌”。有时，就连体型巨大的抹香鲸也不放过，但大多数的时候以抹香鲸的胜利而告终。

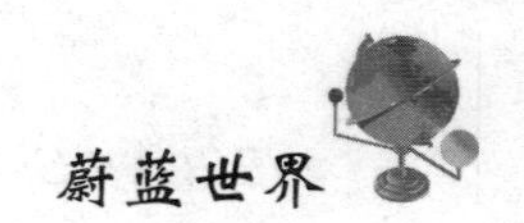

腔肠动物

腔肠动物在分类学上属于低等的后生动物，它们全部生活在水中，是构造比较简单的一类多细胞动物。腔肠动物具有两种特殊的细胞，一种叫间细胞，一种叫刺细胞。间细胞可以变化形成其他细胞，如形成肌肉细胞、神经细胞等。刺细胞是一种可以放出刺丝，具有捕杀猎物和防御敌害功能的细胞。由于刺细胞是腔肠动物所特有的，它遍布于体表，触手上特别多，因此腔肠动物又被称作为刺胞动物。

腔肠动物的身体由内胚层和外胚层组成，因其由内胚层围成的空腔具有消化和水流循环的功能而得名。腔肠动物是真正的双胚层多细胞动物，在动物进化史上占有重要地位，所有高等的多细胞动物，都被认为是经过这种双

海葵

胚层结构而进化发展生成的。它只有一个口孔与外界相通，进食与排泄都由这个口进出。常见的腔肠动物有海蜇、海葵、珊瑚等。海葵一般为单体，没有骨骼，身体呈圆柱形。一端有口，呈裂缝形，周围部分有几圈触手；另一端附着于海中岩石或其他物体上。因为外形似葵花而得名。它利用触手上的刺细胞使鱼麻痹，但海葵鱼常在海葵中间穿梭游动，却丝毫不在乎这一点，因为它们的皮肤可分泌出一种具有保护作用的黏液，使它们在海葵丛中畅通无阻。海葵除了依附在岩礁上，还会依附在寄居蟹的螺壳上。这样寄居蟹四处游荡，会使得原本不动的海葵随之走动，扩大了它的觅食领域。对寄居蟹来说，一则可用海葵来伪装；二则由于海葵能分泌毒液，可杀死寄居蟹的天敌，使得海葵和寄居蟹双方都得到好处。

海葵虽然能和其他动物和平相处，但也时常为附着地盘、争夺食物与自己的同类进行争斗，常常出现一方把另一方体表上的疣突扫平或把触手拔光的争斗场面。所以，它们同类相残的局面往往很多。

珊瑚是生活在温暖海洋中的一种腔肠动物，它与晶莹透明、在海洋中过着漂泊生活的海蜇以及素有“海底菊花”之称的海葵都是本家。可是，在过去相当长的一段时间里，人们一直把珊瑚看成是植物，称它们为“珊瑚树”，把美丽的珊瑚礁称作一个色彩绚丽的花园。这是由于它的颜色鲜艳明亮，样子又与灌木丛一般，上面甚至还寄居有黑蛞蝓和蜗牛。但实际上它们却是地地道道的动物，与海葵同属腔肠动物中的花虫类。每一年，在死去的珊瑚的尸骸上又会长出新的珊瑚，这样不断循环下去，不久就会形成一大片的珊瑚礁。

尽管珊瑚礁在全球海洋中所占面积不足 0.25%，但有超过 1/4 的已知海洋鱼类却依靠着珊瑚礁生活，它们彼此过着相互依存的生活。

棘皮动物

在海洋里，有颜色艳丽的海星，有仙人球一般的海胆，也有像百合花一样美丽的“海百合”，美丽的它们都属于棘皮动物。棘皮动物是一种身体表面有许多棘状突起的一类海洋动物。它们的身体不分节，形状多样，有星形、球形、圆筒形或树枝状的分支等。

这里首先要讲的是海星。大多数动物的两侧都是对称分布，即身体左右两侧的器官完全相同。而海星却与众不同，它的身体都是呈放射状，像星星一样，海星即因它的外形而得名。绕着海星身体的中心圆盘，伸展着 5 条或更多的腕，就这样，不同颜色的“五角星”轻伏在海底，看上去格外漂亮。

人们一般都会认为鲨鱼是海洋中凶残的食肉动物。而有谁能想到栖息于海底沙地或礁石上，平时一动不动的海星，却也是食肉动物呢！不过实际上就是这样。由于海星的活动不能像鲨鱼那般灵活、迅猛，故而，它的主要捕食对象是一些行动较迟缓的海洋动物，如贝类、海胆、螃蟹和海葵等。它捕食时常采取缓慢迂回的策略，慢慢接近猎物，用腕上的管足捉住猎物并将整个身体包住它，将胃袋从口中吐出，利用消化酶让猎获物在其体外溶解并被其吸收。尽管海星是一种凶残的捕食者，但是它们对自己的后代都温柔备至。海星产卵后常竖立起自己的腕，形成一个保护伞，让卵在内孵化，以免被其他动物捕食。孵化出的幼体随海水四外漂流，以浮游生物为食，最后成长为

海百合

海星。

海胆，别名刺锅子、海刺猬，体型呈圆球状，就像一个个带刺的紫色仙人球，因而得了个雅号——“海中刺客”。它也是海洋中的棘皮动物，渔民常把它称为“海底树球”“（龙宫刺猬”。世界上现存的海胆约有850多种，我国沿海约有150多种。常见的如马粪海胆、大连紫海胆、心形海胆、刻肋海胆等。

在幽深的海底，生长着这样一种“植物”，形态同百合花那样的美丽，人们叫它“海百合”。不过，它并不像陆地上的百合花一样是植物，它和海葵一样也是十分凶残的动物。因为它的漂亮外表和百合花非常相近，因此人们给它起了个植物的名字。

海参是“海百合”的近亲。它的外表呈圆柱状，一般长达30~40厘米，前端有口，口旁有20只触手，后端有肛门。遇到危急情况时，海参常常把内脏排出体外，自己则趁机溜走。但是经过几个星期的休养生息，一套新的内脏器官又会重新在它的体内形成。海参生活在浅海的海底。全世界约有500多种，我国沿海常见的就有60余种。由于其中大多数种类都能食用，而且还具有很高的营养价值，所以一直有“海中人参”的称号。

甲壳类动物

我们平常喜爱吃的虾和蟹为什么都有像盔甲一样的外壳呢？原来它们都属于节肢动物里的甲壳纲。这个纲里的生物种类都有分节的身体，身体外面有硬壳，所以它们被称为甲壳类动物。它们的腿一般分节，而且左右成对。腿可以用来走路、游泳、捕食，上面还有鳃，用来呼吸。目前，甲壳类动物大约有 4 万种，大部分居住在海里。

在这里首先要介绍的就是藤壶。藤壶虽然是甲壳类动物，但是它的成体却既不会游泳，也不会爬行，而是过着固着生活。它是一种附着在海边岩石上的一簇簇灰白色、有石灰质外壳的小动物。由于它的形状有点像马的牙齿，所以生活在海边的人们常叫它“马牙”。藤壶喜欢成群地附着在海岸边潮间带的礁石上，密密麻麻，往往使礁石上变成白花花的一片。它不但能附着在礁石上，而且还能附着在船体上，任凭风吹浪打也冲刷不掉。但是藤壶固着的习性会增加轮船航行的阻力，影响轮船速度，消耗更多的燃料。每年全球消除藤壶的费用就高达百亿美元。

螃蟹是当之无愧的甲壳类动物。它的躯体由头部、胸部和腹部构成，头部常与胸部合称头胸部。螃蟹体外有一层外壳用以保护身体，它们大多数生活在水中，以腮或皮肤表面进行呼吸。蟹的腹部缩藏在胸部下面（雄窄雌宽），通常称为脐。在热带沿海栖息着一种怪蟹，它的双眼长在长柄顶端，一旦发现危险，便把眼柄横折人壳前端的凹槽，迅速逃入洞穴内。这种蟹雌雄形态各异，雄蟹的大螯一大一小，雌蟹的两螯一般大小。两只雄招潮蟹常常为争夺雌蟹或洞穴而发生搏斗，这样的搏斗常会持续到其中一只失去一大螯逃走为止。

各种各样的虾类也属于甲壳类动物。比如说对虾、磷虾和龙虾。

龙虾

对虾具有超常的深潜能力，它们可以下潜至 6 300 米左右的深海中，而人类依靠水下呼吸器最深也只能下潜约至 133 米；磷虾很小，长仅 4 ~ 6 厘米，只有极少数才能长到 1 千克。它的外表呈金黄色，体内有微红色的球形发光器。每当夜晚来临的时候，成群的磷虾在受惊吓而急速逃窜时，能散发出一种美丽的蓝色磷光，磷虾也因此而得名。在深蓝的大海里，磷虾就像陆上的“萤火虫”一样绚丽。龙虾是现知虾类中最大的一类，龙虾体表披一层光滑的坚硬外壳，体色呈淡青色或淡红色。体长约 40 厘米，体重可达 1 千克左右。龙虾的头胸甲背面前部有 4 条脊突，居中的丽条比较长和粗，从额角向后伸延；另两条较短小，从眼后棘向后延伸。这 4 条脊突是该虾与淡水螯虾区别的显著特征。

海洋鱼类

你是否曾经幻想过自己也像鱼儿一样，在水中自由自在地游泳，它们是那么的轻松自如、姿态优美，令人羡慕不已。可是“鱼”这种动物，你对它了解的到底有多少呢?

鱼类的身体一般分头、躯干和尾三部分。它们用鳃呼吸，用鳍保持身体平衡及变化行进方向。鱼类的鳍可以维持它们在水中的平衡、方向、减速，就像飞机尾翼一样。有的鱼身上有很多鳍，但每个鳍的作用都不一样。大多数鱼体表有鳞，皮肤可以分泌黏液，有的鱼还具有毒腺，是攻击和防卫的武器。

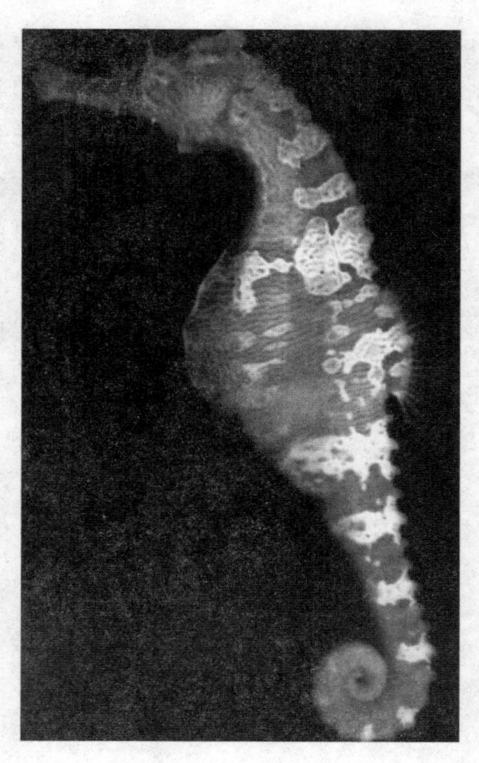

海马

鱼类的生存空间比其他动物大得多，因为地球上大约70%的地方是水。从浩瀚的大洋到涓细的溪流，只要有水的地方就有鱼类的存在。鱼类是依靠鳃来呼吸的唯一物种，这也是最简单的判断一种动物是不是鱼的方法。但有一个例外，非洲的肺鱼是从空气中得到所需要的大部分氧气。目前已知鱼类达18 000多种，有的色彩斑斓，有的丑陋龌龊，它们构成了五彩缤纷、生机勃勃的水下世界。

在我国东南沿海一带海域，至今还生活着一种身体半透明的小动物，因为首先在我国文昌县发现，所以叫它文昌鱼。达尔文曾把这称为“最伟大的发现”，因为它“提供了揭示脊椎动物的钥匙”。事实上，文昌鱼并不是真正的鱼，它没有脊椎骨，只有一条纵贯全身的脊索作为支撑身体的支柱，这种支柱是脊椎的先驱。在它以后发展起来的动物，像鱼啊、鸟啊、兽啊，以至于人都是脊椎动物。这些脊椎动物的器官和机能有千差万别，但脊椎的构造基本相同。

鲑鱼也叫大马哈鱼，是一种以其鲜美的味道而出名的鱼。鲑鱼的一生颇具传奇色彩：它在广阔的海洋中生活数年后，长成长约 1 米的成鱼，然后就逆流而上，不顾一切地向它出生的河川游去，然后在那里繁衍直至死亡。

弹涂鱼，是一种非常奇特的鱼类，长得像小泥鳅，长 5 ~ 9 厘米，体侧扁，无鳞，淡褐色的头上有斑点，簇簇如星。它可以同时适应水中和陆地上的生活，弹涂鱼没有肺，它们用喉部内那些发达的毛细血管呼吸。

说到海马，你可能觉得它不是鱼，但它的确是一种特殊的鱼。大多数动物都是由雌性生育新的生命个体，而海马家族的新生命却全部是由海马爸爸来生育的。人们以为鱼在游泳时，总是头朝前尾朝后的，但是海马却是将身子垂直在水中，头朝上尾在下做直立游泳的。这也给海马的捕食带来一些不便，但我们不用担心，海马忍饥挨饿的本领非常强，往往三四个月不吃东西也不会饿死。

除了上面所说的鱼类之外，大海里还有太多形形色色的鱼儿在等待我们的发现和探索。

无颌鱼

无颌鱼是最原始的鱼类，头部没有颌，口如吸盘，还不能咀嚼食物，主要靠滤食海洋中的生物或微生物（如有些鳗鱼，它们都有黏且滑的皮肤，游泳不是很好。它们的嘴像吸盘，长着许多小牙。它们吸附在其他鱼类身上，用牙齿锉肉吃。）身上披着骨质的甲片，头部颌头后侧的结构还没有分开，活动十分不方便，在躯干部没有胸鳍和腹鳍出现，多数生活在水里，因为身体像鱼形动物，所以被称为无颌鱼类。实际上无颌类是最早的脊椎动物，在进化位置上应该比真正最早的鱼类还原始。最早的无颌类出现在早古生代的海洋里，距今4.4亿年，是当时海洋的霸主。

鳗鱼就是无颌鱼的一种。它有着像蛇一样细长的身体，它的全身呈长管状，上下颌上长着尖锐的牙齿。晴天，风平浪静，海水透明度大时，它们大多停留在泥质洞穴内，减少取食活动。而当风浪大，水质混浊时，它们才出来四处觅食，尤其在日落黄昏至凌晨这段时间里更加活跃。关于鳗鱼的种类约有600多种，分布于印度洋和太平洋，一般有季节性洄游。

在鳗鱼中，七鳃鳗最为著名，它们没有鳞片，细长的体型圆圆的，很像鳗鱼。七鳃鳗只有一个鼻孔，位于头顶两眼之间，它的眼睛后面身体两侧各有7个鳃孔，这就是它叫作“七鳃鳗”的原因。七鳃鳗通过带吸盘的嘴附在别的鱼身上，以吸食寄主的血液为生。有时，七鳃鳗在宿主尚未死亡之前就放弃了它并另寻新的受害者；也有的时候，七鳃鳗会一直寄生在这条鱼体内直到它血枯身亡为止。

在堪察加半岛海域，有一种盲鳗，它是世界上唯一用鼻子呼吸的鱼类。盲鳗的双眼天生长着一层皮膜，但是它的头部长有感受器，而且全身也长满了超感觉细胞，能比较正确地判定方向、分辨物体，这对盲鳗的捕食和避敌

鳗鱼在水中前进的泳姿，和蛇在陆地上爬行差不多。

都大有用处。盲鳗不像七鳃鳗会攻击活的鱼类，而是以鱼类的尸体或被网捕到已衰弱的鱼类为食。它经常会从食饵的鳃或口腔进入，并将食物整体吃掉。由于盲鳗体表有特殊的腺体，能够产生厚厚的黏液，所以在遇到敌人时，它就把周围的海水黏成半透明的一团，并迅速改变自己的体型。在敌人正为这种黏液迷茫时，盲鳗早已趁机逃之夭夭了。

还有一种不会游泳的洞鳗，它生活在水中却不会游泳。在印度洋的马尔代夫群岛水域中，洞鳗就生活在沙窝里。它的觅食方式是从洞中探出半个身体，张开大口，吞食随水浮动的浮游生物或小动物。

软骨鱼类

软骨鱼类是一种古老的鱼类。它的骨骼尚未全部钙化，尤其是脊椎骨，颌和鳍的发育演化相当成功，包括鲨类和鳐类，只是内部骨骼为软骨。在距今4.5亿年前的志留纪地层中发现了最早的软骨鱼化石，直到今天仍然有软骨鱼类的存在。

鲨鱼和鳐鱼是现代软骨鱼类动物的主要代表，正像它们的名字所表明的，它们有一副由软骨组成的骨架。软骨是一种充满钙时变硬的柔韧的材料，是像骨一样的固体。软骨鱼在温带和热海洋中大量生长。它们在水中用鳃呼吸，鳃通过头部后面的几个鳃裂直接同外界交流。软骨鱼大约有550种，其中370种是鲨鱼，其他基本上由身体扁平的鳐鱼和电鳐组成。

与鲨鱼近亲的鳐鱼又名“平鲨”，属于软骨鱼类。鳐鱼身体扁平，生活在

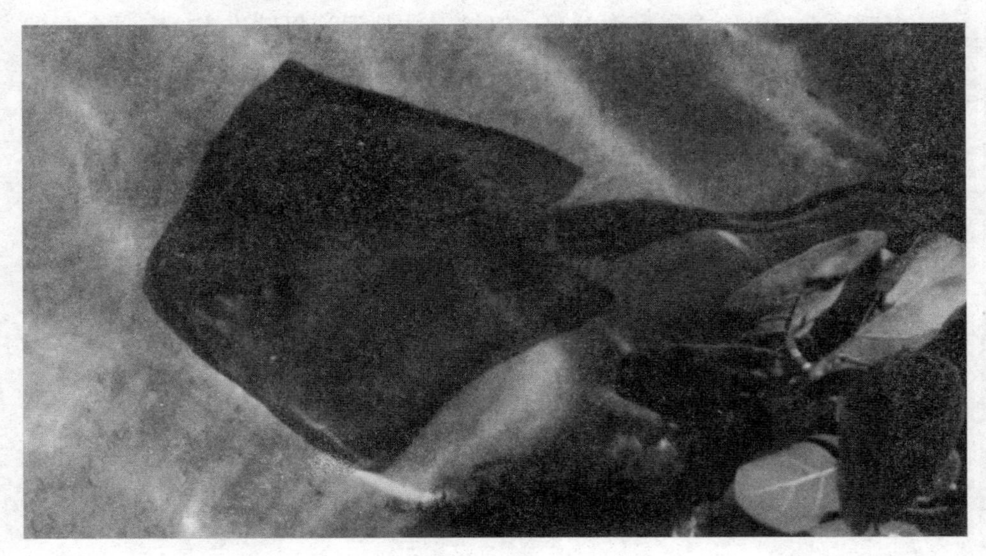

鳐鱼

热带水域，头和躯体没有界限，周围由胸鳍张开与头侧相连，呈圆形、菱形或扇形。多数种类的鳐鱼，尾巴像鞭子一样细长，没有臀鳍，尾鳍也已经退化，游泳的时候利用胸鳍做波浪形的运动前进。

除此以外，绝大多数的鱼都有一个充满气体的囊，叫作鳔，它使鱼能够在水中沉降、上浮和保持固定位置。只有鳐鱼和鲨鱼没有这个器官，它们在海水中升降主要依靠鳍，因而它们的鳍十分发达。鳐鱼的鳍内都是软骨，所以可以食用。大众常说的鱼翅，主要来源就是鲨鱼与鳐鱼的鳍和尾。

蝠鲼是鳐鱼中最大的种类，它的身体略呈菱形。尽管蝠鲼有一张 50 厘米宽的大嘴，可蝠鲼却是一种非常温和的动物。蝠鲼游泳时，扇动着三角形胸鳍，拖着一条硬而细长的尾巴，像在水中飞翔一样。虽然它没有攻击性，但是在受到惊扰的时候，它的力量足以击毁小船。和其他种类的鱼不同，蝠鲼专吃小型的浮游生物，张开大口，和水一起吞下，滤过海水而食。蝠鲼成鱼的体长可达 7 米，体重有 500 千克，可是它能做出一种旋转状的跳跃。随着旋转速度越来越快，蝠鲼迅速上升，跳出海面。蝠鲼一般能跳出水面 1. 5 米，由于它体态十分笨拙，落入水面的声音像开炮一样。至于蝠鲼为什么要跳出水面，至今仍是一个谜。

电鳐则喜欢潜伏在海底泥沙里，饥饿时才从泥沙里钻出来。它觅食时的绝招是游进鱼虾群中频频放电，待对方被麻晕不能游动时，再痛快地饱餐一顿。如果遇到敌人来攻击时，它也会依靠放电进行自卫。

鲨 鱼

在浩瀚的海洋里，被称为“海中霸王”的鲨鱼遍布世界各大洋。鲨鱼的种类很多，世界海洋中至少有350多种，在中国海就有70多种。大部分鲨鱼对人类有利而无害，鲨鱼的确有吃人的恶名，但并非所有的鲨鱼都吃人，只有30多种鲨鱼会无缘无故地袭击人类和船只。因此，鲨鱼被人们认为是海洋中最凶猛的动物。

鲨鱼的鼻孔位于头部腹面口的前方，有的具有口鼻沟，连接在鼻口隅之间，嗅囊的褶皱增加了与外界环境的接触面积。鲨鱼鼻子的皮肤小孔布满了对电流非常敏感的神经细胞。海水的温度变化能使鲨鱼鼻子里的胶体产生电流，刺激神经，使它感知到温度的差异。有人测定，1米长的鲨鱼的嗅膜总面积可达4 842平方厘米，因此鲨鱼的嗅觉非常灵敏，在几千米之外它就能闻到血腥味，海中的动物一旦受伤，往往会受到鲨鱼的袭击而丧生。此外，鲨鱼是真正的鱼类，与哺乳类的鲸不同的是，它们用鳃呼吸。

鲨鱼因种类不同，对食物的喜好也各有不同。槌头鲨特别喜欢吃鱼，虎鲨则喜欢吃海龟，而鲸鲨则喜欢吃一些浮游生物。但是海中的鱼类以及章鱼、乌贼这样的软体动物却是大多数鲨鱼共同的美食。实际上，被称作“鲨王”的鲸鲨一点儿也不凶猛，它只是因为个头最大而得此头衔。一只成年鲸鲨可以长到20多米长，体重相当于4头大象的总和，它可以说是世界上最大的鱼，然而它的性情却非常温顺。更令人难以想象的是，如此庞大的动物却只以海底的贝类为食。巨嘴鲨的口腔内有层奇异的组织能发出亮光，它常常利用这个优势在海洋深处张开巨嘴，令那些向往光亮的浮游生物自投罗网。那些可怜的浮游生物，还不知道自己就要成为巨嘴鲨的“美餐”了呢。

鲨鱼虽然凶猛，面目可憎，但全身都是宝，是重要的经济鱼类。它本身

大白鲨

具有极高的经济价值：人们可以用鲨鱼来做菜、制药、提炼维生素；鲨鱼的牙齿可以用来制作武器和装饰品；皮肤可以用来作砂纸；鲨鱼鱼翅也是极富营养的美味佳肴。而这些也成了人类捕杀它们的主要原因。近年来，科学研究发现，从鲨鱼软骨中提取的某些成分可以抑制血管生长因子的活性，诱发内皮细胞自然凋亡，提高血管生长激素的浓度，致使已有的癌细胞无法得到营养供应而“活活饿死”，从而在不伤害人体其他健康细胞的情况下，有效阻止癌细胞的扩散，因而鲨鱼的医疗价值更高了。现在，鲨鱼已经近于灭绝，人类将会为自己的贪婪付出代价的。

硬骨鱼

硬骨鱼是地球上所有生活在水里的动物中进化最成功的一类，包括辐鳍鱼和肉鳍鱼两大类。

这些鱼的骨骼是由硬骨头组成的。“额外的”鳍退化消失，所有功能性的鳍内部均由硬骨质的鳍条支撑。原始的硬骨鱼类具有机能性的肺，但大多数后来的硬骨鱼类的肺转化成了有助于控制浮力的鳔。硬骨鱼类的脊椎骨有一个线轴形的中心骨体，称为椎体，椎体互相关联，并连成一条支撑身体的能动的主干。椎体向上伸出棘刺，称为髓棘；尾部的椎体还向下伸出棘刺，称为脉棘。胸部椎体的两侧与肋骨相关联。此外，具有肉质鱼鳍的肉鳍鱼类关系到四足动物的起源，早期认为只有肉鳍鱼类的肺鱼有现代种类存在，而1938 年在非洲南部海域打捞到一条总鳍鱼，是肉鳍鱼类的活化石，被命名为拉蒂迈鱼。

硬骨鱼类已经占据了地球上所有水域中的各种生态位，从小的溪流到大的河流，从大陆深处的小小池塘到各类湖泊，从浅浅的海湾到浩瀚大洋中各

拉蒂迈鱼

种深度的水域，到处都有硬骨鱼类在漫游。硬骨鱼类各个物种之间体型大小上的差别也很悬殊，有些小鱼永远长不到 1 厘米以上，而鲔鱼却可以长得非常巨大。硬骨鱼类身体的形状和生态适应类型也是千差万别，各有千秋。而且，硬骨鱼类无论是物种数量还是个体数量都远远超过许多其他脊椎动物的总和。因此，硬骨鱼类才是地球上真正的水域征服者。

在硬骨鱼类中，辐鳍鱼类不仅数量多，而且类型也十分丰富，现生的大多数常见的鱼类也属于硬骨鱼。下面就是关于几种硬骨鱼的介绍。

腔棘鱼又称空棘鱼，由于脊柱中空而得名。它被认为是水生动物和陆生脊椎动物之间一个重要的进化环节。腔棘鱼大约 4 亿年前在地球上出现，曾与恐龙生活在同一时代。由于腔棘鱼生活在深海的洞穴中，栖息地点极其隐蔽，所以以前很长一段时间，人们一直认为腔棘鱼早在 6 000 万年前就灭绝了。

肺鱼是一种和腔棘鱼类相近的淡水鱼。古代时曾在地球上大量繁殖，现在仍有少数保存着其种族而遗留下来，可以说是一种“活化石”。正如它的名称，肺鱼有很发达的肺部，部分种类即使没有水也能呼吸空气而生存。在水中。鳍能像脚一样支撑身体。

人们若要在珊瑚礁鱼类中选美的话，那么最富绮丽色彩和引人遐思的鱼当属蝴蝶鱼。蝴蝶鱼得此美名，是因为它的外形和蝴蝶相似，有着五彩缤纷的图案。五彩斑斓的色彩加之图案各异的身躯，都是识别彼此的最佳途径。热带地区的珊瑚礁群为蝴蝶鱼提供了一个天然的庇护所。它们用尖尖的嘴部啄食附着在珊瑚或岩石上的小动物。

小丑鱼也称海葵鱼，它们因为依附海葵生活而得名。海葵鱼的体色很美，它们常在海葵聚集的地方游弋，毫不在意地在那些有毒的触手中间穿行。同种的雌雄两性之间，生理上却没有什么差异，只是野生成熟的雌鱼比雄鱼稍长些。

在我国南海的海面上，人们经常会看到一些从水中一跃而起的“小飞机”，它们有时甚至会“飞”到船甲板上来，这就是飞鱼。飞鱼游速很快，可以达到每分钟 1 000 米以上，跃出水面的距离可以高达 10 多米，并停留 40 多

秒，“飞行”的最远距离可达 400 多米。

七彩神仙鱼

箱鲀的外表看上去就像一只奇异的小箱子。它们的鳞片演变成了坚硬的六角形骨质片，紧密地排在一起，形成了一个像盔甲似的外壳。幼小的箱鲢色泽鲜艳，身体的棱角也不太明显，随着时间的增长，小箱纯的身体色彩变得柔和了，棱角也更鲜明了。

在各种热带观赏鱼中，七彩神仙鱼的外表格外显眼。它周身镶着美丽的花边，扁圆的身子有些呈艳蓝色，有些呈深绿色或棕褐色，而且从鳃盖到尾柄上面均匀地分布着丰富烂漫的花纹。依据体色的不同，七彩神仙鱼被分为绿圆盘慈鲷、棕圆盘慈鲷、红圆盘慈鲷、蓝圆盘慈鲷等不同品种。

蓑鲉又叫狮子鱼、龙鱼，多产于温带靠海岸的岩礁或珊瑚礁内。它们体色鲜艳，体长可达 20～30 厘米，并且有着不同的花纹，是一种美丽的观赏鱼。你可千万别轻视这种外表美丽的家伙，它们的身体平常由一层薄膜作掩护，可一旦伪装卸除，便会露出含有毒液的尖刺，攻击对方。这是因为蓑鲉有 13 根有毒的背刺，每一根毒刺中间都有一道凹槽，一旦发出攻击，对手将会被麻痹致死。

刺河鲍之所以得到这样的名称，全是因为它身上披满了尖锐的硬刺。这些硬刺是由鳞片演变成的。在休息状态下，刺河纯的硬刺会平贴着身体，一旦遇到凶猛饥饿的敌人，它便吸入大量的海水，使身体膨胀，利刺也会竖起来，这个时候的刺河鲍活像一只落入水中的刺猬。

怎么样？这么多姿态各异的硬骨鱼是不是已经让你眼花缭乱了呢？事实上，世界上的鱼儿多得数不胜数，就是它们这些可爱的精灵一同构成了我们美丽的海洋世界，就让它们同我们人类一起和谐相处吧！

海洋里的爬行动物

爬行动物是第一批真正摆脱对水的依赖而真正征服陆地的脊椎动物，可以适应各种不同的陆地生活环境。爬行动物也是统治陆地时间最长的动物，其主宰地球的中生代也是整个地球生物史上最引人注目的时代，那个时代，爬行动物不仅是陆地上的绝对统治者，还统治着海洋和天空，地球上没有任何一类其他生物有过如此辉煌的历史。

其中，蛇颈龙和鱼龙是所有海生爬行动物中最凶猛的，在侏罗纪和白垩纪时期，它们始终都控制着海洋。蛇颈龙在白垩纪末期灭绝，在其生存的远古时代，它那庞大的体型在海洋世界中称霸一时。蛇颈龙头小颈长，脖颈是身体和尾部长度的两倍，体躯宽扁，体长可达 18 米，四肢呈桨状，牙齿锋利，属于肉食性海洋大型爬行动物。尽管从科学理论上说蛇颈龙早已灭绝，但有人曾怀疑尼斯湖水怪可能就是蛇颈龙的后裔。除此以外，在白垩纪晚期的海洋中，生活着一类最为凶猛的爬行动物——沧龙。它们的头骨很长，在构造上与现代的巨蜥很相似，所以沧龙与巨蜥有较近的亲缘关系，它们是由远古的蜥蜴类进化来的。它具有现代的巨蜥和蛇一样的下颌骨，这个下颌骨不仅能下降得很低，而且还能向两侧打开，使装满的食物不会漏出去。

沧龙

鱼龙是中生代海洋中生存过的已灭绝的鱼形爬行动物。1821 年，柯尼希认为它们是介于鱼类和爬行类之间的动物，因此创立了鱼龙这个词。居维叶曾对鱼龙有过较形象的描述：“鱼龙具有海豚的吻，鳄鱼的牙齿，

蜥蜴的头和胸骨，鲸一样的四肢，鱼形的脊椎。”同时指出它们也是一类古老的爬行动物。

到了中生代晚期，两栖类动物一部分彻底告别了大海，到陆地上定居，从而进化成爬行类的蛇。还有一部分依恋故乡大海．成了今天的海蛇。海蛇身体呈圆桶状，尾巴扁平，善于游泳，喜欢栖息于大陆架和海岛周围的浅水区，以澳大利亚北部与南洋群岛之间最多。有些种类的海蛇也有在海面上大规模集群的习性。广东沿海地区渔民常见到成千上万条海蛇追捕鱼群的场面。1932 年 5 月 4 日，马六甲海峡出现过壮观的海蛇长阵，宽约 3 米，长达 110 米。在全世界 2 700 多种蛇中，海蛇只有 49 种。

除了海蛇，最著名的就要数“活化石”海龟了。海龟的祖先远在 2 亿多年以前就出现在地球上。古老的海龟和不可一世的恐龙一同经历了一个繁荣昌盛的时期。后来地球几经沧桑巨变，恐龙相继灭绝，海龟也开始衰落。但是，海龟凭借那坚硬的背甲所构成的龟壳的保护战胜了大自然给它们带来的无数次厄运，顽强地生存了下来。海龟步履艰难地走过了 2 亿多年的漫长历史征程，依然一代又一代地生存和繁衍下来，真可谓是名副其实的古老、顽强而珍贵的动物。

海洋里的哺乳动物

热血的、胎生的、以母乳哺育幼兽的海洋动物叫做海洋哺乳动物，也可以称它们为海洋中的野生兽类。

一般而言，哺乳动物十分适合在陆地上生活，陆地是它们的乐园，可也有一些哺乳类是适于海栖环境的特殊类群，如鲸、海獭、海狮、海豹、海牛等。它们已经适应了海洋生活，一般拥有纺锤型或流线型的体型，但仍然是恒温动物，用肺呼吸，保留着哺乳动物的特征。

海豹和海狮、海象共同的生活特点是：它们一般在海洋中生活，以鱼类为食。不过也有的时候会到岸边来休息，抚养子女；它们都有流线型的身体，皮下有厚厚的脂肪用来抵御寒冷的海水；所有的鳍状肢在水中都可以当作桨

海狮

来使用。其中，海狮和海狗还是近亲呢。它们和海豹的区别为：海狮及海狗的鳍状后肢可朝向前方，所以能够在陆地上行走，而海豹则不能。此外，有如小指头般的耳朵也是海豹所欠缺的特征。

事实上，海狮可以称得上为“记忆大师”。美国海洋生物学家科琳·卡什佳克和罗纳德·舒特曼，1991年曾对一头名叫“里奥”的雌性海狮进行了较为复杂的字母和数字的记忆测试，10年后，他们惊奇地发现，在没有任何提示的情况下，这头海狮能利用它超常的记忆力轻而易举地对付这些“小把戏”。还有一件特别有趣的事就是，美国特种部队中一头训练有素的海狮，曾在1分钟内将沉入海底的火箭取上来，而人们只要给它一点乌贼和鱼作“报酬”，它就高兴地满足了。

海象顾名思义，即海中的大象，在太平洋、大西洋都有它的踪影。它的躯体巨大而形状丑陋，皮肤粗糙而多皱纹，眼睛细眯，犬齿突出口外。海象可是海洋中的游泳健将呢，它在水中的表现比陆地上灵敏得多。为了适应海洋生活，海象还有变换体色的本领呢。

海獭是大约1万年前才入海的“新”成员，小而圆的头上，长有非常明显的胡须，小耳朵藏在毛里，样子看上去就像一只大老鼠。海獭一天当中约有一半的时间在整理皮毛。通过梳理，既能保持毛皮整洁，又能促进皮脂腺分泌，使毛皮在水中形成一个隔热屏障。此外海獭还会使用工具，经常从海底捞取石块放在胸部做砧，在上边敲碎贻贝的硬壳后取食。

海牛的外形与儒艮（别名美人鱼）相似，身体呈纺锤型。它与儒艮的区别在于尾部形状的不同：海牛的尾巴呈扇形，而儒艮的尾巴是扁平分叉的。海牛习惯昼伏夜出，白天在深海睡觉，晚上出外觅食。它是海洋中唯一食草的哺乳动物，食量大得惊人，因为它每天吃水草的重量相当于自身体重的5%～10%呢。不过你不用担心它会消化不良！它的肠子长达30米，有利于慢慢地消化和吸收所吃的食物。有趣的是，海牛吃草时像卷地毯一般，一片一片吃过去，可真是名副其实的水中“除草机”。

鲸

生活在海洋中的鲸是地球上最大的动物，海水支撑着它们硕大的身体。从外形上看，鲸与鱼类没有本质区别，平时像鱼一样依靠强有力的尾巴游动。但它们用肺呼吸，在头顶部有一个出气孔，是恒温哺乳动物。

全世界有 90 多种鲸，总体分为两大类：第一类是须鲸类，如长须鲸、蓝鲸、座头鲸、灰鲸等。第二类是齿鲸类，它们长有牙齿，没有鲸须，有一个鼻孔，能发出超声波，并有回声定位能力，如抹香鲸、逆戟鲸、虎鲸等。

在鲸的众多种类中，最大的一种叫蓝鲸，长达 30 多米，重达 160 多吨，每天要吃 2 吨食物。因此说，蓝鲸是地球上最大的动物。海豚也是鲸类家族的一员，是一种小型的鲸。它们生有长鼻子，嘴里长着近 200 颗细小的牙齿；它们还有着流线型的身体，游泳时只需上下摆动水平的尾鳍，便能把身体推向前；如果要转弯、平衡或把身体伸出水面，就用其他的鳍来掌控。海豚一般生活在深海，但也有少数在海岸线附近活动。

不可思议的是，海豚竟是大海里的“救生员”和“警察”。有时它们将落水者驮到岸边，有时它们成群地驱赶凶猛的鲨鱼，不辞辛苦地保护遇难者。据此，有科学家认为：脑体比重往往决定智商高低，人脑重占体重的 2.1% 左右，海豚大约占 1.17%，黑猩猩差不多占 0.7%。因此，可以说在聪明智慧

蓝鲸

方面它是与人类最为接近的海洋动物。

杀人鲸也叫虎鲸，生性胆大而狡猾，凶残而贪婪。它们拥有锋利无比的牙齿、快速准确的追捕本领、集体捕食共享美餐的猎捕方案，使得海洋中小到鱼虾海鸟，大到鲨鱼海象甚至鲸鱼都成为它们猎食的对象。虎鲸的胃很大，1862 年，一个名叫埃斯里特的人，从一头虎鲸的胃中发现了 13 头海豚和 14 只海豹。虎鲸还对其他鲸的唇和舌头情有独钟，有时候，它们还会跟随捕鲸船，趁火打劫，钻到死鲸口中，将鲸的唇、舌掠食一空。

抹香鲸是体型最大的齿鲸。它脑中的鲸油能控制浮力，还能控制在深海潜水时的呼吸情况。它的体长通常在 20 米左右，仅头部就占去了一半。抹香鲸是群居性动物，它们用口哨声和“咔哒”声来交流。从额头的喷气孔处，抹香鲸可以喷出一股夹杂着泡沫的巨大水柱。

如此庞大的鲸类家族，却有无数难解的谜团。其中鲸类的自杀之谜至今无人能解。鲸类自杀的惨剧在世界上发生过很多次，规模最大的一次发生在 1946 年 10 月 10 日，835 头拟虎鲸冲上阿根廷马德普拉塔海滨浴场的海滩后，相继死去。对于鲸搁浅的原因，有这么几种观点：科学家发现，鲸的视力很差，全靠在水中发出超声波，利用超声波来判断方向。有人认为众多寄生虫钻穴而居，对鲸的大脑造成了巨大的损伤，大大降低了它们接受回波的能力，从而造成搁浅。也有人认为声呐干扰也是导致鲸群搁浅的祸首之一。此外，还有气候异常、海洋污染、地磁异变等一些说法。然而，无论结果如何，我们应该尽最大的努力，爱护这些美丽的生灵，构建我们和谐的地球家园。

海洋植物

在辽阔而富饶的海洋里，除了生活着形形色色的动物之外，还有种类繁多、千姿百态的海洋植物。海洋植物有两大类：浮游植物和底栖植物。海洋植物是自然界所有植物的祖先，它是由单细胞藻类逐步进化而成的。无论是人们爱吃的海带、裙带菜和紫菜，还是用作工业原料的硅藻，都显示了海洋植物巨大的经济价值。作为海洋鱼、虾、蟹、贝、海兽等动物的天然“牧场”，海洋植物和它们一起构成了多彩的海洋生命世界。

藻类是原始的低等植物，其种类繁多、形态万千，是海洋植物的主体。海藻不开花，不结种子，以孢子繁殖后代。在海洋藻类中，常见的有硅藻、蓝藻、绿藻、褐藻、红褐藻等。目前可用作食品的海洋藻类有100多种。

海边的红树植物

红藻在海洋中分布很广，主要有紫菜、石花菜、海人草、软骨藻、江篱、海萝、麒麟菜等。红藻的药用主要是它的提取物琼胶囊，这是一种用途很广的新试剂。

紫菜就是一种味道鲜美、营养丰富的食用海藻，其蛋白质、无机盐和各种维生素的含量高达29%～35%；它还含有10%～15%的硅胶，硅胶含量仅次于石花菜和琼胶原藻。此外，紫菜的含碘量仅次于海带和裙带菜，每100克紫菜中含有 7.452 微克的碘。紫菜有较高的药用价值，因其富含碘，故对治疗甲状腺肿大有一定的疗效。常食用紫菜还能降低血清中的胆固醇含量，对软化血管和降低血压也有很好的疗效，是不可多得的营养保健食品，有“神仙菜”“长寿菜”的美称呢。

大型马尾藻属褐藻类，除了提取褐藻胶用作工业原料外，也是重要的药用原料。褐藻内含有丰富的碘，对治疗俗称粗脖子病的甲状腺肥大症特别有效；褐藻含有多种氨基酸，对降压有明显作用；褐藻内含有甘露醇，是临床注射中常用的渗透性利尿剂。此外，褐藻的提纯物有抗癌作用，能有效防止放射性锶的污染，并可用于止血等。

海草是一类生活在温带海域沿岸浅水中的单子叶草本植物。它常在沿海潮下带形成广大的海草场，是小虾、幼鱼良好的生长场所，也是海鸟的栖息地。此外，还有红树植物等，红树植物是一类生长在热带海洋潮间带的木本植物群落。例如红树、秋茄树、红茄冬、海莲等。当退潮以后，红树植物在海边形成一片绿油油的“海上林地”，也有人称之为“碧海绿洲”。它们主要生长在热带地区的隐蔽海岸，常在有海水渗透的河口、泻湖或有泥沙覆盖的珊瑚礁上。

因此，海洋植物不仅仅是海洋世界的“肥沃草原”，更是人类世界的一大自然财富。

周游世界大洋的金枪鱼

金枪鱼是一种生活在海洋中上层里的鱼类，分布在太平洋、大西洋和印度洋的热带、亚热带和温带广阔水域，是一种大洋性鱼类。金枪鱼的形状很奇特，整个身体呈流线型，顺着头部延伸的胸甲，仿佛是一块独特的能够调整水流的平衡板，可以减少它在游动过程中产生的阻力。金枪鱼的尾部呈半月形，使得它能够迅速向前冲刺。

金枪鱼对环境有独特的适应能力，它的生长潜力也很大。为了所处的环境，它腹部和背部的颜色是不一样的，这是金枪鱼自我保护的一种方法。金枪鱼腹部的颜色比背部浅，从海里面向上看它的时候，它浅淡的体色跟海面的颜色差不多；而从天空往下看的时候，它又跟海洋深处水的颜色差不多。金枪鱼靠上下体色的差异既能够躲避空中和大海里的天敌，又能够巧妙地迷惑其他生物，以便于捕食。金枪鱼是一种肉食性的海洋鱼类，它们的主要食物是一些鱼类和甲壳类动物。

金枪鱼种群意识很强。如果从飞机上贴着海面往下看，会发现成群的金枪鱼排着整齐的队列向前游动。体小的在前面，体大的在后边，最前边的是一条“领头鱼”。因此，在捕捞金枪鱼的时候，吸引住这条“领头鱼”是个关键。

金枪鱼不喜欢强光，如果夜间想利用聚光灯来诱捕就很不容易。另外，金枪鱼的嗅觉虽不灵敏，但视力却相当好，如果往海里扔些小鱼，它会很快地发现并且赶来捕食。根据金枪鱼的这些生活习性，人们创造了捕捉金枪鱼的三种主要方法：竿钓法、围网法和延绳钓捕法。

金枪鱼是一种非常有趣的鱼类，它游泳速度快、旅行范围远达数千里，能作跨洋环游。近几十年来，很多科学家对金枪鱼进行“标志流放”试验，

他们把捕到的金枪鱼标上记号后，再放回大海，观察它们的洄游路线，结果渔业工作者从回捕的金枪鱼中发现，有一种金枪鱼能够从美国的加利福尼亚沿岸游到日本近海，全程长达8500千米，平均每天游26千米；另一种金枪鱼横跨7770千米宽的大西洋只用了119天，每天游的路程都超过65千米；还有一种金枪鱼竟然能够从澳大利亚湾穿越印度洋，最终抵达大西洋彼岸，它的长途洄游的耐力实在令人钦佩！《联合国海洋法公约》第64条“高度洄游鱼种”所指的鱼种，大都属金枪鱼类。所以，金枪鱼不愧是鱼类中的游泳能手。金枪鱼在整个世界海洋东闯西窜，没有固定的栖息场所，所以，有人把它称为“没有国界的鱼类”。

金枪鱼有50多个品种，其中多数品种“个儿”比较大，最大的体长达3.5米，体重六七百千克；而最小的品种只有3千克重，大小相差很悬殊。金枪鱼的繁殖能力比较强，一条50千克重的雌鱼，每年大约产卵500万粒，如果这些鱼卵都能授精孵出幼鱼，并且长成500千克重的大鱼，那么，一条雌鱼和一条雄鱼就能够生产出250万吨金枪鱼，这相当于全世界金枪鱼的总捕获量。事实上，这是不可能的。因为绝大部分的鱼卵活不到成熟期，能够孵化出幼鱼的只是少数。即使孵化出了幼鱼，其中的多数又成了其他成年鱼、海鸟和其他海洋动物的牺牲品，而且金枪鱼还有同类鱼相残杀的恶劣习惯。所以，幼鱼的存活率极低，估计只有百万分之一二的小生命能长成大鱼。不过除了天敌之外，金枪鱼在大海里也有保护者，鲸和鲨鲸就是它的好朋友，它们经常游在一起。金枪鱼如果碰上了天敌，就会赶赶紧靠近鲸或鲨鲸，借助朋友的庞大躯体来掩护自己，大有背靠大树好乘凉之态。

目前，世界上有70多个国家从事捕捞金枪鱼的渔业生产。近年来，世界金枪鱼的年产量保持在300万吨上下，除印度洋以外，一些海洋的金枪鱼资源已经充分利用。因此，保护金枪鱼资源，也是摆在世界海洋渔业面前的一项重要任务。

鱼类奇怪的叫声

现代航海离不开测深仪、防触礁声纳、障碍回避声纳等一系列导航用的声纳设备。不论是水面舰艇，还是潜水艇；不论是商船，还是渔轮，都无一例外。水声学的诞生正是从导航的需要开始的。这些先进的导航技术设备，是人类智慧的结晶，亦是人类引以为豪的重要发明。然而这些设备的原理，却是人从海洋生物那里学来的。人类创造、使用声纳的历史只有几十年，而鱼类至少在5千万年以前就有了这种本领。

1949年，美国海洋考察船“阿特兰蒂斯”号在距波多黎各170海里的大西洋中，收听到一种不断重复的鱼叫声。每次叫声过后，便传来一阵低得多的声音。人们经过深入的研究，发现这是鱼类的“回声测深仪”正在工作。原来，生活在大西洋深水中的某些鱼类，是用声波探测海底的深度，发现障碍的。这一发现使人们兴趣大增，小小的鱼儿竟有这么高效率的“测深仪”。它的小型化和精良程度对于航海仪器的设计师们来说，是富有启发性的样板。

鱼类的侧线也引起科学家们的极大兴趣。它既是压力和机械震动的感受器，也是一种声波接收器。侧线是鱼类的重要器官，尤其是生活在深海中的鱼类，那里永无天日，一片漆黑，这就大大降低了鱼类眼睛的视觉作用。为了适应这种深海条件，鱼类就发展起了灵巧的侧线探测系统。鱼类是用侧线来探知周围环境的震动，并找到震源——向它游来的鱼或其他生物。有的鱼甚至能用侧线发现自己的猎物。有趣的是，鱼类的侧线和潜艇上的障碍回避声纳很相似。鱼类游泳时，在头部前方会形成首浪。当它游近某一障碍物时，首浪的压力场会发生变化，鱼类的侧线一感受到这种变化，便立即改变游泳方向。所以，鱼类即使失去了视觉能力，也不会撞到鱼缸的壁上去。某些没

有视觉的盲鱼，很可能就是利用侧线来觅食和导航的。

鱼类的听觉器官也很灵敏。在鱼眼的后面，各有一个软骨或骨质的空间，鱼类的听觉器官就在里面。鱼类的内耳分为两个部分，上半部主要负责平衡，下半部则负责听觉。当声波传到内耳时，耳中的小耳石便随之发生振动，刺激旁边的听觉细胞，然后再由听觉神经将电脉冲传到大脑，鱼便听到水中的声音了。如果我们能模仿精巧的鱼耳，那就将为微型化的接收机开辟出新的道路。

名不副实的“鲍鱼”

鲍鱼并不是一种鱼，而是海螺的近亲，一种贝类。不过它的贝壳很特别，椭圆而扁，像一只大耳朵，因此它的学名按字译就是“海耳”的意思。鲍只有半面壳，别看贝壳的外面黑不溜秋，壳内面却富有五彩斑斓的珍珠层，闪着彩色的珍珠光泽，故有“千里光”的美名，是装饰品及贝雕的极好原料。我国古代称鲍鱼为九孔螺，这是因为其贝壳近边缘外有一排小孔，是呼吸、摄食、排泄、生殖的通道。有的种类恰好有9个开孔，因而得名。鲍壳是中药，又称“石决明”，是明目除热，平肝通淋之效。自明清以来，鲍就和鱼翅、大乌参、广肚、鱼唇、鳖裙、趸、鱼皮、海龙肠一起，被列为海产八珍。

鲍鱼壳内的肉体柔软而肥大，腹面的肉足是它的运动器官。它常用足附在海中的岩石上，喜欢在风浪大、水质清、盐度高、海藻繁殖茂盛的沿海石穴里安家落户，大水流急，海藻丛生的海底爬行。平时它生活在水深10米左右的海区，白天躲在家里睡大觉，晚上出来找食吃，待吃饱喝足逛够了才回家。它的头部有一对细长的触角，触角的基部长有眼睛，嘴在触角之间的腹面，嘴里有齿舌，齿舌是一条略像高等动物舌头一样的“带子”，上面有一排小齿，鲍鱼就靠齿舌来刮取海藻吃。它主要的食料是红藻和褐藻，在四五月份吃的食物最多，长得最肥。

有趣的是，鲍也有着惊人的附着力，遇敌时，它可迅速用宽阔有力的足紧紧吸附在岩石上，只把坚硬的外壳朝向敌人，使想吃它的螃蟹、海星之类望壳兴叹，无可奈何。据说，只有章鱼才是它的对手，鲍鱼碰上章鱼是无法脱身的。章鱼先用腕堵塞它壳上的小孔，使它因窒息而肉足丧失粘附力，然后再用强有力的腕上吸盘把鲍从岩上吸开，成为口中美味，这真是一物降一物。

鲍有着超然的吸附能力，人们怎样才能捉到它呢？有经验的捉鲍能手多用突然袭击法，瞄准有鲍的石缝，猛铲过去，出其不意将它从岩上铲下，在它尚未醒悟时立即捉住，不再给它重新吸附的机会。这样，鲍便成为了人们的盘中美餐了。

鲍鱼肉味虽美，但其内脏不可轻易食用。鲍鱼内脏中有一种感光色素，这是一种毒素。鲍鱼的这种感光色素主要在 2 ~ 5 月份有毒，这可能和它的食饵有关。

鲸

海兽是生活在海洋里的哺乳动物，包括鲸目、鳍脚目、海牛目的全部和食肉目中的海獭。

海兽中，鲸类的种类、数量最多，经济价值也最大。它构成了海兽的主体。全世界共有鲸类90种，从近海到远洋，从南极到北极，到处都有鲸上下出没的身影。鲸类中以蓝鲸最大，已知最大个体可达33米长，190吨重，比陆地上最大的动物——象，还要大三四十倍，堪称“兽中之王”。南极海域是世界上最大的捕鲸渔场，捕鲸量几乎占世界上总捕量的80~90%。

海狮、海象、海豹也是重要的海洋生物资源，它们分布广泛，世界各海区都有。

嗜杀成性的虎鲸

齿鲸的种类较多，有70多种，其中既有形如蝌蚪、长达20米的巨大抹香鲸，又有狡黠诡诈、凶猛无比的虎鲸，更多的则是灵巧而聪明、龙腾虎跃的大批海豚。

齿鲸多以鱼和头足类等动物为食，唯虎鲸还以其他海兽为食。虎鲸体长不到10米，头的侧面、眼的后方左右各有一个卵形白斑，远看像眼。背鳍高大，长可达1.8米，状如倒置的戟，因此又名逆戟鲸。口里长着40多枚强大的牙齿，性凶猛，且残暴贪食。除吃鱼外，也吃海豚、海狮、海豹等海兽，甚至袭击大型须鲸。当它们遇到成群的海豚时，立即将其包围，并逐渐缩小包围圈，然后一头虎鲸冲进去，将一头海豚咬住撕而食之，其他虎鲸亦是如此，直到它们吃够为止。海狮、海豹等遇到虎鲸往往会掉头逃窜，有些纷纷逃上岸去。虎鲸往往穷追不舍，甚至向岸边追击，它比其他鲸能游到更浅地方去，甚至浅到半身都露出水外也不在乎，常常把那些就要逃离虎口的海狮擒而食之。猫捕到老鼠常不马上吃掉，而是嬉耍够了以后再吃。虎鲸似也有这种习性。常见它在海里捉到海狮后，用嘴叼着，头一摆，将海狮远远地甩出去，然后再叼住再抛，或用其尾鳍猛地向上一打，就像扔石头一样，将海狮高高地打出水面，又远远落入水中，然后游过去，又是一下、两下……海象遇到虎鲸也会纷纷逃窜，特别是小海象，常是吓得伏在母海象背上寻求保护，虎鲸常是从较深处突然冲上来，将小海象冲掉，然后捕食。有些海豹或海狮爬到海里的浮冰上去躲避风险，虎鲸要么用身体突然往上顶将冰弄破，使冰上的海狮落水，要么用头压在冰的一边，使冰向一侧倾斜，冰上的海狮就会滑落下来，虎鲸就接而食之。当遇到巨型须鲸时，虎鲸会像一群饿狼一样一拥而上，有的咬住巨鲸的鳍肢、尾鳍使它动弹不得，有的用整个身躯压

在巨鲸的鼻孔上使它无法喘气，还有的猛地咬住巨鲸下颌、喉等部位、巨鲸一张口，虎鲸立刻钻进去把舌头吃掉。当巨鲸奄奄待毙时，虎鲸则撕咬其皮肉，一顿狼吞虎咽之后就扬长而去。所以人们也称虎鲸是嗜杀成性的鲸，当然它袭击的目标多是些病弱个体。

至今尚未有虎鲸袭击人的报道。相反，在水族馆里的饲养条件下，虎鲸还可以与人建立起友谊，让人骑在它的背上作各种表演。

会喷水柱的鲸

鲸是海洋中的“巨人”，也是现在地球上最大的动物。不少人误认为鲸是鱼，实际它并不是鱼，而是兽。它属于哺乳纲鲸目。

在几百万年以前，鲸也是生活在陆地上，那时它们有四条腿，能在陆上行走。后来由于生活条件改变，它们便迁居到水中生活。经过漫长的岁月，它们的身体构造逐渐发生了变化，前肢变成了像鱼那样的胸鳍，尾巴变得扁平，和舵一样，整个身体变为流线型，以便在水中游泳。鲸到水中之后，虽然外部器官起了巨大变化，以致被误认为是鱼，但它们的内部器官仍然保持陆上生活的某些特点，如肺呼吸、胎生、哺乳等。

鲸由于用肺呼吸，因而不能在水下停留很长的时间，一般在半小时左右，就必须到水面上呼吸一次；短的10多分钟就得出来一次。当鲸浮出水面时，要先把肺中的大量废气排出，排出的气体压力很大，能把接近鼻孔的海水喷射出海面；同时伴随着巨大的声响，很像小火车的汽笛。由于海面上的空气比鲸肺中的气体凉，所以从鲸肺中呼出的湿气，一遇冷空气就凝结成许多小水滴，形成雾状水柱。这种现象叫做“喷潮”或“喷水”。各种鲸喷出的水柱，高度、形状各有不同，蓝鲸的喷水柱高达9—10米。捕鲸者不仅可以根据海面上的水柱发现鲸的行踪，而且可以根据水柱的高低和形状来判断鲸的种类。

鲸类“自杀”之谜

鲸类动物（包括鲸和海豚）搁浅（俗称“自杀”）事件时有发生。人们大惑不解：海阔凭“鱼”跃，为什么偏偏这些鲸类动物会“自杀”呢？

为了解开这个谜，人们提出了以下十大假设：（1）自杀；（2）进入浅水区休息；（3）在海滩擦洗皮肤；（4）追寻古代迁移路线；（5）迷失方向；（6）聚居压力；（7）活动场所的环境影响（噪声、地震、污染等）；（8）浅水区回声受到干扰；（9）寻求陆地上的安全；（10）声纳接收故障。但这些假设都难以自圆其说。例如，鲸类动物一旦搁浅后，显得惊恐万状，甚至发出悲惨的求救声，这就否定了“自杀”的假设。再如，假设鲸类搁浅由地震引起，那么，理应可据此得出搁浅区比非搁浅区更易发生地震的结论，而事实又并非如此。最近，科学家又提出一种新的解释：鲸类动物是利用地磁场来为自己定时和导航的，而地磁场一直延续到陆地，并非只在海洋滩边终止，又地磁场因太阳的活动而存在着不规则的波动，这样两方面的原因导致一些导航本领尚欠完善的鲸或海豚就会误入歧途，向近陆浅滩游去而最终不能自拔。当然，绝大多数的鲸类动物遇到这种情况会及时纠正自己的错误。这也就是搁浅的鲸类动物只占总体的极少数的原因。

驾长风蓝天翱翔

许多海鸟为什么能长时间在空中滑翔而不掉下地来呢？它们前进的能量是由哪里来的呢？科学家发现，海鸟能像帆船运动员一样，驾长风，乘气流，破浪向前。帆船是没有发动机的，驾驶员巧妙地操纵船帆，适应风向风速，利用风力鼓帆而行。海鸟滑翔也同样是巧用风能，“乘”长风而轻扬重霄九。

常言道：“无风三尺浪”，就是无论是否有风，大洋上都可以产生涌浪。若无陆地阻挡，涌浪可以传播到很远。一个传播速度比风快的波浪，压迫它前方的空气产生个上升气流，尽管这个上升气流可能很弱，仍能被海鸟觉察得出，并加以利用，海鸟可以“骑上”它往上飞，达上升气流的波峰处，也达到一定的高度，然后在滑翔过程中渐降到波谷。由于空气与波浪之间的摩擦作用，风不在同高度上方向和强度都有变化，海鸟就是巧妙地利用这种变化保持飞翔。

例如一只信天翁的一个滑翔周期是：第一阶段信天翁乘着上升气流往上升，达到最高处时，获得了一定的势能，此时它迎风前进，所受上升流的作用相对渐小；第二阶段信天翁转为顺风而下，随着高度的降低，势能转化为前进的动能，增大了向前滑翔的速度；第三阶段随着高度的降低，风速渐慢，而信天翁前进的速度达到最大，甚至比风还快；第四阶段待信天翁滑到波谷时，风速最慢，眼看就要落到海里时，信天翁又在波浪之前方向一改，转向迎风，升到波峰处时，又“骑”上上升流被速度渐强方向相反的风推向高处，直到风力降低到不能把信天翁继续有效地往上推高时，信天翁就重复另一个周期。上升时虽影响了向前的运动，但却获得了能量补充，可保持滑翔继续下去。在完全无风的天气，也能看见信天翁在涌浪的前方巡游，在风向多变的区域，它们也能利用上升流滑翔并结合波浪式飞翔。其他一些海鸟如海鸥、鲣鸟和鹈鹕等虽不及它们那样技艺高超，但也能表演出很高超的滑翔技巧。当然它们更多的是把滑翔技巧与有规律地鼓翼结合起来。

喷墨吐雾放烟带

章鱼和其他头足类都有一个装墨的囊，称墨囊。当它们处境危险时，能喷出墨汁，把周围海水染黑，状如烟雾，而且有时烟雾的形状颇像它们本身，很容易迷惑敌害，自已趁机逃之夭夭。章鱼能连续 6 次喷射墨汁，半小时后又能完全恢复。这种奇特的自卫方式，它们一出世就会，刚孵出一分钟后就能放出墨汁。唐代段成式《酉阳杂俎》中说；“海人言昔秦始皇东游，弃算袋于海，化此鱼，形如算袋，两袋极长。”就是说，秦始皇到黄海巡视时，尽兴之际不慎将装墨的袋子掉到海里，天长日久，变成乌贼，墨汁还保留在体内，就成墨囊。宋代周密《癸辛杂识续集》中说；“世号墨鱼为乌贼，何以独得贼名？盖其腹中之墨可写契卷，宛斯如新，过半年则淡然如无字，狡黠者为骗诈之谋，故谥曰“贼”云。”就是说狡猾的人向别人借钱，用乌贼墨写下借据，且久拖不还，这种墨初时很新鲜，过半年则淡然无字，若债主半年后催还，借债人索要借据时，就会发现借据已褪为白纸，无以为凭，借钱人就赖账不还了。于是人们把墨鱼汁看作是帮坏人行骗的工具，遂骂为乌贼。还有其他的传说，当然不足为凭。实际上乌贼墨是吲哚醌和蛋白的结合物，时间久了会被氧化，所以自然会消失。

章鱼等头足类喷出的墨汁除起烟幕作用之外，还有麻醉作用，即使大鱼在这种液体中也会失去嗅觉和辨别方向的能力。据观察，海蛇在捕食章鱼的时候，若被墨汁喷射，也会丧失嗅觉，虽近在咫尺，却捕捉不到目标。墨汁对章鱼本身也有危险，但对人似乎不起毒害作用。

蟹与龙虾是章鱼常吃的食物。当章鱼抓住猎物时，用腕上的吸盘将其牢牢吸住，再用灵活的喙状口去咬，然后经由一种特殊的水泵状器官将毒液注入牺牲者的咬伤处，将其杀死，再注入消化酶，把其中可供消化的物质一点点吸尽后，将空壳丢弃。人们在捕捉章鱼时，预防被它咬伤比预防被它的腕缠住更重要。

长胡须的鱼

在鱼类中，有不少鱼都长有胡须。它们的胡须不仅长、短、粗、细、扁、圆等形态不一，而且数目也不尽相同。鲱等鱼只生有1对胡须；鲤鱼、鲟鱼等生有2对胡须；海水中的海鲶和淡水中的大鲶各有3对胡须；胡子鲶等生有4对胡须；泥鳅生有5对胡须；还有生8对胡须的鲶鱼呢！

鱼类的胡须既不是它们年龄的标志，也不是性别的特征。因为长胡须的鱼类，不分雌雄，也不分老幼。那么鱼类的胡须有什么妙用呢？原来鱼须是鱼类的触觉器官，它具有重要的触觉功能。长胡须的鱼，多数是视力不太好的底层鱼类，它们就是依靠触须在水底寻找并选择食物的。胡须还能帮助它们感觉到猎物放出的微弱电流，而去捕捉猎物。例如鲟鱼在摄食时，先用吻部把泥掘起，水变得浑浊起来，这时它的那一对小眼睛已不起作用，只好依靠胡须的触觉来觅食了。

深海鱼类的胡须，有的在顶端还可以发光。这些能发光的胡须，不仅起到触角的作用，而且还可以起到照明的作用。

绿毛龟是逗人喜爱的观赏乌龟。它的背甲、四爪和颌上都长满了3~7厘米长的柔软的绿毛，非常有趣。

那么，绿毛龟身上的绿毛是怎么来的呢？其实，这种“毛”，不是乌龟本身长出来的，而是寄生在龟背上具有细胞结构的水生低等绿色植物——丝状绿藻，包括刚毛藻和基枝藻等。刚毛藻和基忮藻很像银色的“毛”，通常生活在淡水湖泊、河流里。它们都生有固着器，这是一种根状的构造，能牢固地着生在具有钙质的基质上。只要有适宜的温度和阳光，它就可以在水中终年生长，迅速繁殖。

龟是一种爬行动物，它具有坚硬的含有钙质的龟壳，不仅适应陆地环境，而且更多地生活在水中。龟又是变温动物，体温随着外界温度的变化而变化。当外界温度过高或过低时，它就会进入洞穴休眠。加上龟的行动迟缓，寿命长，这些特点都有利于藻类的固着和生长。

有一种黄喉水龟，它的趾间有蹼，能长期在水中生活，很少上岸活动。当这种龟在刚毛藻或基枝藻生长的地方觅食时，藻体成熟释放出的孢子就固着在龟背上，龟就像长浓密的绿“毛”来。

从不迷路的企鹅

企鹅是一种有趣的动物，尤其是它那一摇一摆、步履蹒跚的姿态，可爱又可笑。企鹅有一个本领：从不迷路。

南极的11月，白雪皑皑，晴空万里，长达半年的白昼到来了。雌、雄企鹅带着小企鹅远离故乡，向千里迢迢的海洋觅食去了。而当第二年2~3月份南极寒夜来临时，企鹅的一家又回到了故乡。

令人惊奇的是，广阔无边的南极大陆是一片白茫茫的冰雪原野，地上什么标志也没有，而企鹅是怎么前进的，为什么总不迷路呢？

多少年来，为了揭开这个谜，科学家在南极进行了各种各样的实验。科学家在企鹅繁殖地捉了5只企鹅，并在它们身上作了标志，然后用飞机将它们运到远离故乡1500千米外的一个海峡，从5个不同地点把它们放走，10个月后，这5只企鹅竟然不约而同．地全部返回了故乡，这真是太奇妙了。

科学家还在乌云蔽日时，将企鹅放走，当早晨6点钟时，它们会全体面向太阳在它们右边的方向，因为那儿是正北方。12点过后，太阳渐渐移到它们左边，它们却不受影响，仍然面向北方。

为什么企鹅总是向着北方前进呢？有人认为，从南极大陆通向海洋的方向都是北方，它们每年离开故乡都是向北方前进，返回故乡时，要调转180°，久而久之形成了一种习惯。

会放电的鱼

在众多的鱼类中，能够放电的鱼有近百种。像生活在南美淡水中的电鳗，或栖息于地中海的电鲼等鱼类。它们能产生几十乃至几百伏的电压。在我们家庭中的用电电压是220伏，而电鳗产生的电压竟能达到300伏。相比之下，不能不为电鳗的特殊功能惊讶。这种鱼类就是靠放电的本领，震击小动物，使它们一命呜呼，以便捕到食物。

原来，在这些鱼的体内存在有一种特殊的电器官。这种电器官是由肌细胞中数百万个扁平细胞（发电粒子）依次规则地串联、并联构成的。这种串、并联的巧妙组合，以使鱼适应各自的环境，并获得产生电压和电流的最佳效果。在放电时，电器官能接受延髓中神经细胞群的指令，当指令传递到运动神经细胞时，由于突触延迟的微妙调节，使数百万个发电粒子能同步动作，完成数毫秒的脉冲放电。

其实，不仅仅是一些电鱼有电，人和其他动物，就是那些植物也都同样产生着电流，不过微弱些罢了。在科学上，称这种生物体带电的现象叫“生物电”。

娃娃鱼

娃娃鱼是我国特有的一种大型有尾两栖动物，被列为我国二级保护动物。它生活在淡水中，与青蛙和蟾蜍同属一个大家庭，学名叫大鲵或鲵鱼，娃娃鱼是它的俗称。它一般体长60～70厘米，体重几十斤。1971年，在湖北省神农架溪流里，曾捕到体长2.4米，体重60公斤的大鲵。

大鲵叫声似婴儿啼哭，因此得名叫娃娃鱼。它运动器官不是鳍，而是短小的四肢，体表皮肤裸露而没有鳞片。全身棕褐色，背面有深色斑纹，腹面色较浅，头扁圆而宽，口很大，有许多细齿排列在上下颚上；眼睛很小，位于头部背后，还有一条左右侧扁的大尾巴，看上去有点像墙上爬着的壁虎。大鲵的幼体完全生活在水中，用鳃呼吸，成体生活在水中，经常露出水面，主要用肺呼吸，也能爬到陆地生活。它在水中游泳时，四肢紧贴身体的两侧，以减少水的阻力，主要依靠尾巴和躯干的不停地摆动使身体前进；在水底运动时，腹部贴在溪底地面上，以后肢推动身体前进，前肢用于变换身体运动的方向。

大鲵生活在山区水质清澈而湍急的溪流中，一般匿居于山溪的石隙或洞穴里，头向外，尾朝里，这样有利于及时发现食物和敌害。大鲵以小鱼、蟹类、蚯蚓为食，也能捕食蛙、蛇等动物，这在两栖类动物中是很少见的。因此，它算是两栖类中最凶猛的一员。因为大鲵的眼睛不发达，怕光，一般白天躲在洞穴中，夜间出来寻找食物。为了获得食物，它有时爬上岸，一动不动地等待着。这时候，如果有青蛙过来，大鲵立即猛扑过去，一眨眼工夫就把猎物吞食掉，美餐一顿。另外，它常常在滩口的流水处觅食，展开大嘴巴等候，吞食随水下来的小动物。

大鲵的性成熟年龄为5年，每年繁殖一次。到了8月下旬至9月上旬，就是大鲵的产卵期，产卵量为300枚以上，最多达2100枚。大鲵的卵呈圆形，卵外有腹膜连成卵带，受精卵在水温18～22℃的条件下，经过45天左右，就能孵化出鲵苗了。

大鲵还是一种可食用的动物，它的肉质白嫩，味道鲜美，肉及皮都能人药，可治疗贫血和疯癫病。大鲵的分布较广，我国湖南、湖北、贵州、广西、四川、河北、陕西和山西等省区都可以找到。但是，由于大量滥捕，大鲵也有濒于灭绝的危险。近年来，在湖南、陕西等地建立了大鲵自然保护区，使大鲵的数量开始增多。

鲨 鱼

海洋动物有成千上万种，鲨鱼恐怕是海洋中最凶猛的动物了，它生性凶猛残忍，遇到目标就发起进攻，但多数鲨鱼不会伤害人类。

鲨鱼形体扁长，前宽后窄，呈流线型，有背鳍，尾巴上下竖立，犹如锋利的尖刀。它在水中的游速奇快，像闪电般一划而过。鲨鱼的皮很坚韧，生有花纹和斑点。鲨鱼和一般鱼类有许多不同之处：一般鱼类都有活动的鳃盖，而鲨鱼则以皮肤上的口来取代；它的脊椎骨是软骨；嘴巴大得出奇，牙齿也不像普通鱼类那样长在颌骨牙床上，它的牙齿只是口腔中的“齿状突起”，而且是可以不断替旧换新的，所以它的牙齿锋利异常，能把任何生物都咬个稀巴烂。

鲨鱼的种类有 250 多种。它们以食鱼为主，也吃海豚、海豹和企鹅。其中以虎头鲨和大白鲨最凶险。虎头鲨产于热带海洋，有的重达 270 千克，它可以吞下整个海狮，有时也侵袭人类。最可怕的还要算大白鲨，体长可达 12 米，食人对它来说是很平常的事，甚至连巨大的海象也能被它一口吞下。

凶残的噬人鲨

众多的海洋鱼类中，提起凶狠残暴的噬人鲨，人们无不谈之色变。著名的灾难片电影《大白鲨》，讲的就是噬人鲨给人类带来的威胁和灾难的故事。

噬人鲨是海洋里的“老居民”了。早在一亿多年前就已称霸海洋。作为软骨鱼类的现生代表，它们成为科学家研究远古生物的重要参照对象。

噬人鲨身体修长，骨骼为坚韧的软骨，它的尾鳍宽大而有力，不仅是极有用的运动器官，也可用来攻击敌人。它的嗅觉非常灵敏，血腥味能很快地将它们吸引过来。噬人鲨的牙齿最为可怕，像一把把利刃，齿上又生出锯齿，仿佛一把把锋利的锯子。这些牙齿成排成排地长在嘴里，一旦落进这样的牙齿丛林中，立刻会被磨成肉酱。噬人鲨的牙齿还能“新陈代谢”，旧的牙齿折断了或是损毁了，又能生出新的牙齿来代替。

噬人鲨生性贪婪，肚子里能装下许多食物，有的时候它也会饥不择食，把路上遇到的东西都吞下去。所以有人形容它的胃就像一个杂货店，在里面甚至能发现玻璃瓶、雨衣和罐头盒。

作为软骨鱼类的一种，噬人鲨的生殖方式是很奇特的卵胎生。这或许是进化过程中，为了适应环境，保护后代成长而选择的一种方式。

鲸　鲨

鲨鱼一向被视作凶猛的、善于攻击的动物，但是有一种鲨鱼却生性温驯，并不伤人，这就是海洋里最大的鲨鱼，也可以说是最大的鱼类——鲸鲨。

鲸鲨体长 20 米，体重可达 .5 吨，生活在热带和温带的海域中。它的体色青褐，装饰着深色的条纹和斑点，腹部颜色变浅。鲸鲨长着宽扁的大头，靠近脊背上方，每侧有两行皮脊，背鳍没有硬棘。它的模样虽然令人胆寒，牙齿也又细又密，但它的牙却不是用来撕咬食物，而是像蓝鲸的须板一样，起过滤海水、阻挡食物漏掉的作用。

鲸鲨吞食海水和浮游生物时，它的鳃似巨大的过滤器，滤掉海水，保留食物；同时又将水中的氧气吸收，再将排泄的废物释放，排出体外。

鲸鲨浑身是宝，除肉可食，皮可制革，肝脏可提炼鱼肝油外，它的内脏和骨骼还可加工成鱼粉，用于饲料、饵料生产。鲸鲨的鳍还可作鱼翅，是“上八珍”之一的海产美味。

噬人鲨不吃身边小鱼之谜

噬人鲨也许是鱼类中最凶猛残暴的了。因为它皮肤色白，最爱向人发起攻击，不少沿海地方的居民都称它是“白色死神”。噬人鲨个头很大，体长一般为7~8米，也有长达12米的。它的牙齿很特殊，属于多出性牙系，假如咬碎坚硬的东西时将牙齿折断了，会重新长出新牙来，如果再一次折断，还会再一次长出，一生中可以6次长出新牙来。还有，它的牙齿有好几排，最多的可以达到7排。这些牙齿不仅非常锐利，而且可多达1.5万颗！

噬人鲨能在海中称霸，还在于它有一个功能极佳的肚子。它不需要每天吃东西，经常是三四天才饱餐一顿。这是由于噬人鲨的腹内有一个像胃似的“袋子”，这就是它的食物贮藏室。如果它吃饱之后又遇上一只海豚，它绝不会因为肚子已饱而将海豚放走，它会毫不犹豫地把这大家伙吞下肚，贮存在“袋子”里，当它饿了的时候，再把海豚转移到胃里。“袋子”里可贮存三四十条一斤多重的鱼，十几天甚至一个月都不会坏。噬人鲨生性贪婪，当它肚子很饿而“袋子”里又没有库存的时候，会在游过的路上把遇到的东西统统吞下。所以，噬人鲨的“袋子”就像个杂货店，里面什么都有，玻璃瓶、皮鞋、罐头盒等等，应有尽有。这种饥不择食的习性有时会使它们送命。例如，有一艘军舰发出了一枚深水定时炸弹，这枚炸弹刚刚扔下海，突然蹿过来一条噬人鲨将炸弹吞进肚里，不一会儿，水下响起了轰隆声，炸弹在噬人鲨肚子里爆炸了。

在噬人鲨的生活中还有一个奇特的现象，当它在水里游动时，身边经常有许多小鱼，像是它的侍从。这是一些身上有条带状纹的鱼。过去有些科学家认为，这些小鱼跟随噬人鲨是为了吃它剩下的残渣。但后来发现，这些鱼

都是自己单独找东西吃的。原来，小鱼们伴随着噬人鲨，既不是充当侍从，也不是等着吃残渣剩饭，而是借着主人的威风来躲避其他敌害的袭击。然而奇怪的是，噬人鲨生性贪婪残暴，但它对身边的小鱼却很友好，经常形影相随，无论它怎样饥饿都不去吃这些小鱼。噬人鲨为什么不吃身边的小鱼？这是一个仍然未能解开的自然之谜。

鲨鱼的情爱

这是一件奇闻，也是一个真实的故事。事情发生在夏威夷群岛附近海域。一艘渔船拖着沉重的渔网缓缓地行进着。在海上辛苦了几天的渔民，看着那满网的鱼儿，个个喜上眉梢。

“快看，来了几条好大的鲨鱼！”一个渔民忽然大声喊道。

船上的人都把目光转向船后的海面。只见几条银灰色的大鲨鱼迅速游近渔船，一会儿冲到船的前方，一会儿又紧跟在船的后面。渔民们大惑不解，这是怎么回事呢？

滑道上的绳索拉着沉重的曳网，发出吱吱的响声。突然，有两条大鲨鱼发疯似的朝曳网扑了过来，用那锯齿般的大牙死死咬住曳网不放。这种鲨鱼向渔船曳网进攻的情况，在过去是闻所未闻的。一瞬间，网被鲨鱼咬破了，网里的鱼儿就像流水一样，一股一股地向外流出，回到碧蓝的大海中。鲨鱼继续向曳网发动攻击，这情景使渔民们看得目瞪口呆。

渔民们赶快开动绞车，将渔网匆匆拉上船。可奇怪的是，这几条鲨鱼根本不去理睬那些漂浮在海面上的鱼，而是仍旧死死地跟着渔船：人们这才意识到，这几条鲨鱼根本不是为了觅食充饥，才紧跟渔船的。那么，它们究竟是为了什么呢？

这时，有人发现曳网中有 3 条小鲨鱼，其中一条已被压死，另外两条还在动弹。几个渔民想了一下，便将两条活着的小鲨鱼顺着滑道推进大海。随着小鲨鱼入水的涟漪，海面上出现了一幅动人的情景：鲨鱼们在两条小鲨鱼的周围跳跃翻滚，用鱼鳍和身躯互相碰撞，有的用鼻子彼此顶来顶去，还有的用尾巴打水嬉戏……看着这幅罕见的海水奇景，渔民们感叹不已：这些残忍的海上凶神竟然也有动情之时啊！几分钟后，几条大鲨鱼带着小鲨鱼离开

了渔船，向远处游去。

然而，故事并未到此完结。有人发现还有一条大鲨鱼仍紧紧跟在渔船后面。它那富有弹性的身躯有一半露在水面，两眼死死盯着船上的渔民，从它的目光中，人们感到有一种忧愁和乞求的神情，仿佛它在期待着什么。

这情景，使渔民们动了恻隐之心，他们来到网前，将那条死去的小鲨鱼翻出来，扔进大海。这时，只见大鲨鱼转动了一下身躯，朝小鲨鱼迅速扑去，然后用嘴推着小鲨鱼，向远处游去。这些鲨鱼的不寻常的举动，给耳闻目睹这一事实的人们留下了一连串的疑问。是不是由于 3 条小鲨鱼被捕获，才引起几条大鲨鱼对渔船的跟踪？大鲨鱼将曳网咬破，是为了救出小鲨鱼吗？为什么当两条小鲨鱼回到大海时，会出现鲨鱼们的异常活跃的场面？那条离开自己的伙伴继续紧跟渔船的大鲨鱼，是不是死去小鲨鱼之母呢？还有，难道像鲨鱼这种凶猛的“海中霸王”也有“友爱观念”和“慈母之心”吗？

看来，这些疑谜一时是无法解答的。但不管怎样，鲨鱼的行动向我们说明，人类对它们还了解得很不够。

肺 鱼

肺鱼出现在距今约4亿年前，是现存的最古老的鱼类之一。与它同时代的甚至是比它晚出现的许多生物，都由于各种原因灭绝了，肺鱼却由于独特而“先进”的呼吸作用，经受了许多恶劣环境，存活到现在，被誉为“活化石”。

现代肺鱼均生活在南半球赤道附近。

但是据已经发现的化石来看，距今2亿多年前，肺鱼几乎分布在大陆的所有水域中。这个奇怪的现象曾长期令科学家们迷惑不解。一直到地球科学领域内的“板块”学说兴起之后，人们才从中找到答案。

原来，大约2亿多年前的时候，地球上所有的陆地基本上是连在一起的，被称为“泛大陆”或联合大陆。所有不同的水域可以通过不同方式沟通，这就为肺鱼在“联合大陆”上广泛分布提供了有利条件。

此后，由于地球内部的运动机制，联合大陆瓦解了。随着海底扩张的不断加剧，四分五裂的大陆块就像汪洋中的一座座冰山，向不同的方向漂移。经过大约1亿多年的时间，地球逐渐变成现在这种样子。而生活在上面的肺鱼当然也就“各奔前程”了。只是由于环境等原因，大多数种类灭绝了，只有南半球赤道附近的三种肺鱼幸存者留下来，活到今天。

因此，肺鱼亦是“大陆漂移”的见证者。

矛尾鱼

大家已经知道两栖类是由总鳍鱼目上陆进化而来的。总鳍鱼目下分两个亚目，骨鳞鱼亚目是上陆了，可另一种鱼却舍不得离开水，始终没有上陆，矛尾鱼就是这种鱼的代表。以前发现的矛尾鱼是生活在泥盆纪时期的化石，从地层的沉积环境上看是生活在淡水中的，后来在三叠系地层中发现了它的化石，这时的沉积环境已是半咸水或海水了，表明它从湖泊中游到了河口处，而且仍在往海里迁移；再后来，中生代海相地层中就没再发现它的化石了，专家们断定它已经绝灭了。

可是在 1938 年 12 月 22 日，在非洲东海岸，靠近一条小河河口的海中，当地渔民钓上来一条活的矛尾鱼，这条鱼一下子轰动了全世界的学术界。可惜这条鱼出水仅活了 3 个小时，而且防腐不好已经烂掉，仅剩下一张鱼皮。相隔 14 年以后，1952 年 12 月 20 日夜，终于在马达加斯加岛西北方向的海面上又捕到第二条矛尾鱼。从捕获的情况来推测，矛尾鱼是生活在 200～400 米深的海水里，体长介于 1.2～1.8 米，体重 30～80 公斤，它体形圆厚，腹部宽大，口中长着尖锐的牙齿，在解剖它的肠胃时发现有鱼的残骸，证明它是肉食性的鱼类，由于深水中比陆地上的压力大很多，它们出水后因不适应突然减压而很快的死亡：但是从形态上看，化石中的古老种类和现今生存的种类差别不大，只是今天的矛尾鱼体形大，胸鳍更大些，内鼻孔没有了，气鳔只留下一点点痕迹，而早期空棘鱼类的气鳔因向肺演化曾是很大的，推测是因为后来长久地适应深海环境，压力大的结果，内鼻孔消失，鳔也逐渐变小了。

矛尾鱼的发现究竟有什么启示呢？总鳍鱼的鳍中有中轴骨骼，末梢各小骨都依靠着中轴骨和身体互相连接，总鳍鱼鳍内骨骼的排列方式和原始四足动物（原始两栖类）的四肢骨有些相似。因而人们推想：四足动物的四肢是

总鳍鱼类的胸鳍、腹鳍演化而来的。在水底它可以用这种鳍支持自己的身体，若调整到合适的方位，还可以用这种鳍勉强地爬行几步。不过化石所提供的情况还不足以充分证实人们的推想。矛尾鱼的发现不但可以了解它各部分结构的功能，更可以在它们活着的时候来观察它们活动的情况，有人在观察第八条矛尾鱼时，证明了它们的胸鳍几乎能作各个方向的转动和安置姿势，这也就更有力地支持了由鳍演化成四肢的推测是正确的。

文昌鱼

人们知道，动物界的进化，按着从无脊椎动物到脊椎动物这样的序列进行。但两者之间的区别是非常明显的，因此在两者之间必有中间类型把它们联系起来。19 世纪俄国科学家科瓦列夫斯基研究了文昌鱼的胚胎发育发现，正是它填补了两者之间的空白，为达尔文的进化论提供了一个最强有力的事实证据。为此达尔文对科氏的工作评价很高，认为“这是最伟大的发现，提供揭示脊椎动物起源的钥匙”。

文昌鱼身体很小，呈柳叶状，很少有超过 8 厘米长的，生活在离海岸较近，具有沙质水底的浅海中。它们一生的大部分时间是埋在沙质的海底中度过的。文昌鱼没有头，没有偶鳍，身体分节十分明显，身上没有鳞片。

它的身体呈半透明状，因此在阳光较强的地方可以看到：它虽然没有脊椎骨，但却有一条纵贯全身、弹性强、能弯曲的脊索，位于身体背部，作为整体的内支架，它代表着脊椎骨的先期构造。在脊索的上方是神经索，下方是消化道。文昌鱼没有真正的脑子，除了对光线有较敏感的某种色素点之外，没有任何感觉器官。它前部两侧是鳃，鳃不直接向体外开口，而是开口在一个具特殊构造的围鳃腔里，这个腔通过腹孔与外界沟通。因此文昌鱼是通过鳃来呼吸的。鳃的结构比较复杂，是由纵横相连的非细胞的纤维质组成的，呈筐状。这种鳃不仅用来呼吸，而且还能从水底泛起的渣屑中滤取食物。这种极为原始的小鱼，虽然也有封闭的血管进行血液循环，但没有心脏。它的循环是由腹部血管中能够跳动的部分来带动，血液是无色的，血细胞也很少。

正常状态的脊椎动物，以鱼为例，有一条呈水平位置的长轴。前端是头，所有感觉器官都集中在它里边。脊椎不是由软骨就是由硬骨构成，沿着脊椎的两侧除肋骨外，还有成对的鳍，通过肩带和腰带与身体相连，用作导航和平衡，或者推动身体前进。脊椎动物的一个主要特征是它的脊神经髓、循环和消化系统的位置。脊神经位于脊索或脊柱的上方，而循环和消化则伴于脊柱下方。鱼类用鳃来进行呼吸，除了最原始的类型外，所有的鱼类都有颌，是由前面第三对鳃弓转变而来的。

把文昌鱼的结构与正常状态下的具有脊椎的鱼的结构进行比较不难看出，它们之间是何等的相似。只要大自然把文昌鱼的结构稍微进行加工和改造，就是一个十分完美的真正的鱼了。因此，文昌鱼构造上十分接近一切脊椎动物的共同祖先。它很可能在很早很早就出现了，但在漫长的时间里，由于它安于现状不求上进，所以在进化上没有发生多大变化。但是，至少我们可以通过文昌鱼，看到所有现生脊椎动物，包括人类在内距今 6 亿年前的祖先大致是一个什么样子。

神奇的箱水母

尽管看上去只有一个被触手包围了的嘴，但是箱水母，或者叫立方水母（原意是“呈立方体的动物”）的确有眼睛，而且结构与人类的非常相似：具有晶状体、角膜和视网膜。但是奇怪的是，尽管有这些复杂的结构，箱水母却是永久性的视力模糊。

这是因为箱水母没有脑，只是在嘴的周围有一条神经环。它没有中枢处理功能，它的模糊的视觉却能告诉它所需要知道的一切：多大啊？我能吃它吗？它会吃我吗？

体型为立方体的箱水母躯干的四面各有一个像球杆一样的短柄，而眼睛就位于这四个短柄上。除了两只辨别能力强的眼睛外，每个短柄上还有四个轻度感光的凹孔。同样，这种结构是与它们没有脑相吻合的，因为脑是整合感觉信息的部位。对于箱水母来说，发现一个天敌和辨别白天与黑夜属于不同的工作，要求由不同的感觉器官来完成。

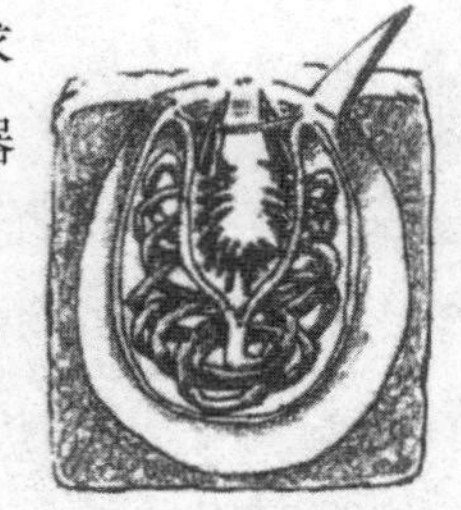
当细胞被碰撞时，活门打开。

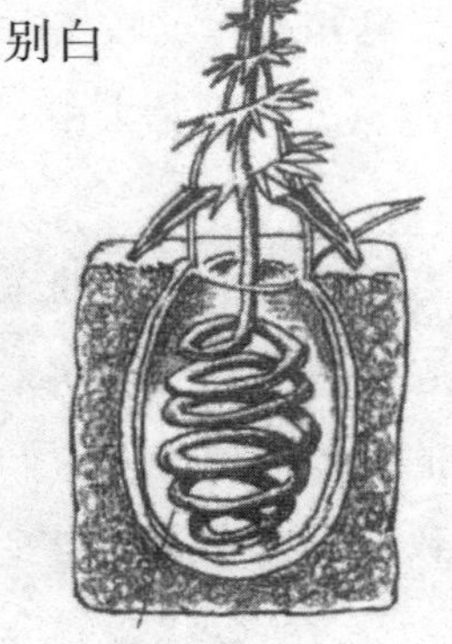
弹出装满毒液的小管。

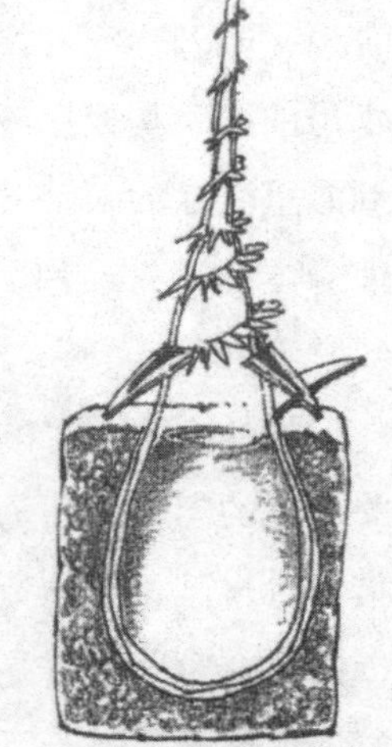
带有倒刺的叉子以每秒 13 米的速度刺向猎物。

刺细胞攻击技术

箱水母的眼睛不同于其他属于钵水母纲的种类（“钵水母”一词来源于希腊文，意思是杯子），因为它们在物种演化的过程中，早在5.5亿年前就分化成了不同的分支。

箱水母尽管视力不佳，但还是在某些方面发挥了很大的作用。箱水母能够飞快地游动（某些种类的速度能达到每秒1.8米），并能够绕过障碍物，这就意味着它们能够主动追击猎物。这一点与钵水母类不同，钵水母只是软软地漂荡在水中，等待食物游到自己的身边。有明显证据表明，箱水母能结合成性伴侣，雄性用它的长长的触手使雌性受精，而不是仅仅把卵和精子排在海水里。

箱水母所具有的这些特点也对它的另一个重要的适应性的解释有所帮助——它的毒性巨大。一种叫做海黄蜂（Chironex fleckeri）的箱水母可能是地球上最毒的生物，被它刺伤，人会感到难以忍受的剧痛，同时伴有强烈的灼伤感觉。毒液会伤害神经系统、心脏以及皮肤，三分钟内会致人死亡。全世界每年超过1万人被它刺伤，而且经常有人死亡。

另一种箱水母（Carukia barnesi）几乎具有同样的毒性。它更具危险性的原因是：在水中不易被人发现，呈透明状，体型比一粒花生还要小，而且浑身布满了刺细胞。被它刺到，即使侥幸逃脱，也会患上一种伊鲁康吉水母综合征：剧烈疼痛、恶心、呕吐、极度高血压并且叫人产生绝望情绪。这种箱水母的名字是根据澳大利亚土著部落的一个民间传说得来，这个传说讲述了到海里游泳的人就会受到箱水母的攻击并患上一种可怕的病。这种毒液会促使身体的“打或逃”激素，特别是去甲肾上腺激素大量释放，从而导致患者经常惊恐而死。

为什么箱水母的毒性这么大？它的毒性与视觉有怎样的联系？这是个有关尺度的问题。因为它们有视觉，喜欢采食比自己本身大的猎物，为了防止猎物对自己相当精致的触手的伤害，它们需要迅速麻醉猎物。之所以它们的毒性只有对我们才是致命的，是因为当我们无意中遇到它们时，我们对于它们来说显得太过于巨大了，所以我们就会受到它们比平时刺杀猎物更多的触手的攻击。

神奇的海蟾蜍

1932 年 8 月 18 日，有 102 只海蟾蜍从夏威夷群岛来到了澳大利亚。它们被释放到澳大利亚昆士兰州北部的甘蔗种植园内，用来控制甘蔗甲虫的危害。

70 年后的今天，澳大利亚海蟾蜍的数量达到了 1 亿只。它们蔓延的地域的面积已经超过了英国、法国和西班牙国土面积的总和，而且它们领地的前缘还在以每年 5.6 千米的速度扩展。

考虑到世界上的两栖动物的种类和数量正在发生灾难性的下降，澳大利亚所发生的事情听起来像个好消息。但是海蟾蜍的蔓延却不是好消息。这个灾难性的典型事例说明了当人类试图改变自然的时候，会发生什么事情。

海蟾蜍（Bufo marinus）的毒性非常大。对于大多数动物来说，如果吞吃了它们的卵、蝌蚪或者成体，就差不多会立刻引起心力衰竭。一些澳大利亚的博物馆展出了被海蟾蜍毒死的蛇，它们竟然还在蛇的嘴里，蛇就已经中毒死亡了。经常以本地蛙类为食的袋鼬已经有灭绝的危险。海蟾蜍甚至可以干掉体型较大的鳄鱼。海蟾蜍的毒性是如此之强，以至于宠物狗仅仅喝了它们光顾过的碗里的水，就会生病。

在它们的原生地中美洲和南美洲，海蟾蜍的数量被物种间的竞争、疾病、天敌等综合因素所控制。但是，在澳大利亚没有其他种类的蟾蜍，也很少有天敌，却有大量的新的食物资源。对于海蟾蜍来说，这是一块尚未开发的处女地，而面对这些新的挑战，它们已经获得了成功。

与本地的一些澳大利亚蛙类相比，海蟾蜍产的卵的数量是它们的四倍，海蟾蜍的蝌蚪不但成熟得很快，而且因为具有毒性，所以不会被吃掉。但是它们的幼体和成体却能吃掉任何东西：从其他蛙类到没人看护的狗食，无所不吃。吃得越多长得就越大。有记录记载，有些海蟾蜍的体重达到了 2.7 千

克，身体的大小就如同一只小狗。

更令人担心的是，在新的环境中，它们好像也在改变着自己。它们的腿的长度比20世纪30年代增长了25%，行进的速度也比原来快了5倍。它们不再在灌木丛中钻来钻去，而是等到天黑了以后，利用道路和高速公路行进。

防止海蟾蜍蔓延的行动已经普遍开展，尤其是澳大利亚西部沿海一带。曾经采用过的消灭海蟾蜍的方法，是在它们的分布区驾车巡游，从而将它们碾死。虽然还使用过更加残酷的手段，比如至今仍然有人推崇的“海蟾蜍高尔夫”，但最有效的防治方法是通过夜间行动的“海蟾蜍驯服者”缉捕队在夜间袭击海蟾蜍聚集的水塘，在效率最高的一周内可以消灭大约40 000只海蟾蜍。用毒气或者深度冷冻的方法杀死这些海蟾蜍，然后把它们制成一种叫做“蟾蜍汁”的液体肥料。

对于这种灾害，一种生物学的防治方法是利用基因工程的方法使它们患上不育症。但是这种方法被许多环境学家所反对，尤其是考虑到在初期阶段所引发的问题。

尽管已经对环境造成不可否认的影响，但是海蟾蜍至今还没有造成其他生物的灭绝。一些鸟类和鼠类甚至已经学会将它们掀翻，然后再吃掉它们，从而避开海蟾蜍的毒腺。许多其他种类的动物已经对海蟾蜍的毒性产生了耐力，尤其是甘蔗甲虫，提起它就不得不在这里说一件事儿，那就是现在甘蔗甲虫在澳大利亚的数量比1935年的时候还要多。

神奇的海豚

我们没有对海豚进行过任何帮助。海豚激发了人们对它们的一些朦胧而大胆的猜想：它们的大脑比人类的还要复杂；它们的“语言”更为深奥；它们有一个崇尚和平和自由性爱的社会；它们是长着鳍的外星人。但所有这些推测所展现的更像是我们自己而不是海豚。这样说并不是否定了海豚的神奇，而是提醒我们，海豚只是野生动物，它们具有自己的活动规律和独具特色的本领。它们能够做到一些人类无法做到的事情（当然，也许它们也是这样感觉人类的）。

海豚依靠回声定位系统在海里游动。将一茶匙水滴到水池里，它们能够准确地判断出声音的位置。它们能够区分用蜡、橡胶和塑料制作的物体，甚至能够辨别外观一样的铜盘和黄铜盘。由于鱼类是不会保持安静的（鲱鱼甚至从不停止游动），所以它们也就给海豚提供了捕食的机会。

海豚的“语言”技能更是很难评价。尽管没有声带，但是它们却是著名的“健谈者”。嘀嗒音、口哨声、呻吟声、尖叫声和吠声都发自鼻腔里的囊，每秒钟能发出多达 1200 个声音信号。每只海豚都有一种独特的“信号哨声”作为自己的身份标签，就好像在说“我是 Flipper”，而且一直在不断地重复。它们还会模仿其他的海豚，从而引起别人的注意，比如在一个拥挤的群体中，海豚会通过翻滚身体来增强其他同伴对自己的印象。哨声信号表明海豚之间在交流，但是这些声音还根本谈不上是一种语言。

海豚游戏是非常复杂的，而且它们学得很快。它们听从人类的极为复杂的命令的能力十分惊人，还能从镜子中认出自己。它们甚至还会使用工具，在尖锐的珊瑚礁中狩猎的时候，它们会在鼻头上贴上一片海绵作为防护罩。希腊和罗马神话中记载了很多关于海豚帮助上帝和人类的传说，而现代有关海豚救助人类的故事也屡见不鲜。在一些小型的捕鱼队伍里，海豚被用来把鱼群驱赶进渔网里，完成任务后，它们会跳跃几下，善意地溅起一些浪花。没有人不喜欢它们天真的笑脸。

当然海豚也有另外的一面。在亲热和爱抚之后，雌海豚常常会被成群的雄海豚强迫交配。海豚群体会莫名其妙地打死小海豚，有时也会实施杀婴行动。通过对喜欢与人类交往的野生海豚的综合研究，结果发现，四分之三的海豚表现出了侵略性，而这种侵略性有时候会造成严重的伤害，一半的海豚则沉迷于和救生圈、小船以及人类进行被误导的性行为。一只普通的雄性宽吻海豚体重达254千克，生殖器长达30厘米而且肌肉结实，在末端还有一个灵活得足以抓住一条鳗鲡的钩子，所以在它们面前，你千万不要发出错误的信息。

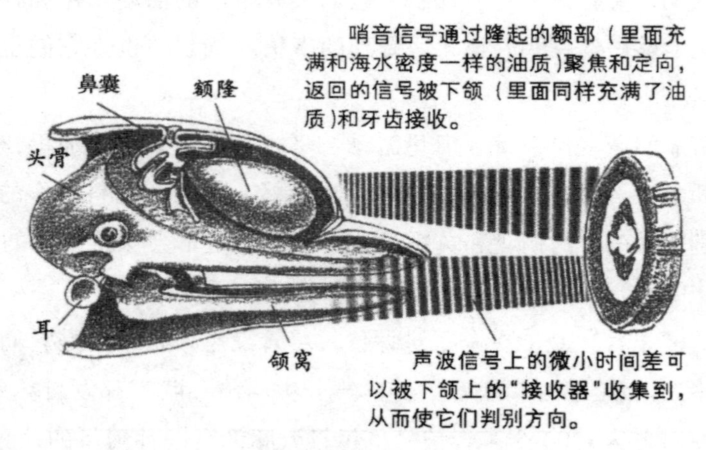

鼻子的回声定位系统

这项研究同时也表明，对于野生海豚来说，与人类接触几乎总是意味着遭受伤害和痛苦。当我们认为“野生动物旅游”和“海豚疗法”是有益的活动的时候，就应该在心里记住这些。当然，与海豚一起游泳的想法是令人着迷的，而且有证据表明这样做也确实有治疗作用。但是，如果我们站在一艘小船上，通过望远镜来观察它们畅游在属于自己的海洋里，尽情做着自己最喜欢做的事情，这样我们会得到同样的收获（也许会有更多的收获）。